投资整体观

东西文明互鉴中的 ESG

王 权◎著

HOLISTIC VIEW OF INVESTMENT

ESG IN MUTUAL LEARNING BETWEEN EASTERN AND
WESTERN CIVILIZATIONS

企业管理出版社

EMPH ENTERPRISE MANAGEMENT PUBLISHING HOUSE

图书在版编目（CIP）数据

投资整体观：东西文明互鉴中的ESG / 王权著.

北京：企业管理出版社，2024.7 — ISBN 978-7-5164-3082-8

Ⅰ.①X196

中国国家版本馆CIP数据核字第2024674B3U号

书　　名：投资整体观：东西文明互鉴中的ESG

书　　号：ISBN 978-7-5164-3082-8

作　　者：王　权

责任编辑：张　羿

出版发行：企业管理出版社

经　　销：新华书店

地　　址：北京市海淀区紫竹院南路17号　　　　邮　　编：100048

网　　址：http://www.emph.cn　　　　电子信箱：504881396 @qq.com

电　　话：编辑部（010）68456991　　　　发行部（010）68701816

印　　刷：三河市荣展印务有限公司

版　　次：2024年7月第1版

印　　次：2024年7月第1次印刷

开　　本：710mm×1000mm　　1/16

印　　张：16.5

字　　数：190千字

定　　价：68.00元

序

整体环境、ESG 与整体投资

郭生祥

（一）

欧亚大陆上的游牧民族多生活在中高纬度北方草原地带，如果气候温润、水草丰美，可能就定牧，反之则多游牧，要是遇上小冰期往往南下掠夺，他们的变化体现在"山不转、水不转，游牧人转"。而农耕民族生活在中低纬度地区，山地丘陵多，气候相对温和，无论是盆地还是高原，都利于安居乐业，即使兵荒马乱被迫流浪，往往也容易形成民屯、军屯之类，他们通过掌握地形地势和年份日期上的物候变化，来安排农时农事，养家糊口。

中华农耕文化很早就孕育形成了《易经》，并从身体内外、家庭内外、家族内外、家国内外的关系中提炼出一套"天人合一"观念来，儒家再用"三纲五常"的伦理道德来差序化之，在作者看来这便是中华文化的整体环境观，可以用来总结概括人与自然、人与社会、人与身心的变化发展规律。我也认同这种观点，实际上，中医中药、

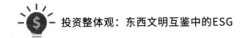

天文地理、伦理道德等无一不体现了整体环境观。

西方的工业化、城市化截至头两次工业革命，由于"三产"被中段化、规模化和集约化，导致自然与人文环境一时难以承受。那时，伦敦的雾和殖民地问题就开始困扰他们，终于接二连三地爆发了天灾人祸。"一战""二战"之后，欧美日韩等在基本完成了工业化、城市化的基础上，着手相应的福利体系建设，不久开始关注环保问题。在此期间，亚非拉也完成了民族解放和国家独立，截至现在，工业化、城市化进程也基本已经过半。OECD（经济合作与发展组织）的38个成员中列入富国的达30个国家，而被联合国列入新兴经济体的约有100多个国家。疯狂的经济发展背后是人类环境的普遍恶化，过度竞争和环境压力问题存在于一半以上的工业化、城市化运动中。

当前，人类总体上基本解决了温饱问题，但是环境安全、质量隐患又成了一个新的问题。因此，我建议把环保与社会责任放到人与自然、人与社会、人与身心三个维度上考量，并且基于外部性、延迟性以及累积效应，要研究长中短利益平衡机制和协调机制，以便更好地共同行动。

由于每个人都身处一定的自然环境与社会之中，对环境和社会都有不同的切身感受，因此从各自的角度出发，关心研究环境与社会，并提供自己的看法与见解，是一种应有的责任与担当。政府单位、地区行业与其他集体个人都可以提出相应的意见建议，以便ESG标准能够顺利通过市场化、专业化和法治化的考验与筛选。

（二）

如果说精细分类、逻辑推演是古希腊古罗马文化的特点，那么普遍联系、整体把握则无疑是中国古文化的优势。本书作者抓住"天人合一""天下大同""天理法情"三个关键词，总结出中华文化核心的整体环境观。其中"天人合一"体现的是人与自然，"天下大同"体现的是人与社会，"天理法情"体现的是人与身心，综合起来正是投资行业与环境（Environmental）、社会（Social）、治理（Governance）的关系，这便是ESG的基本内涵，即投资不仅要追求环境层面的绿色效益，还要包含社会责任感，这就是双重投资目标。

作者认为，在儒家思想中，"天人合一"不是外在的合，而是内在的和，指的是人应当遵循天的规律，与天地自然和谐共处，实现天命所在。这让我联想到今天的智能化浪潮中，人类可以对关键的文件数据进行"分布式存储"，这种存储方式实际上也是一种关键元素的植入。从信用互动角度来看，这其实是一种从外部信息对称到内部信用管理，从内部信息对称再到外部信用管理的过程，而且是一种反复来回的博弈，以便最终发现各种所谓"大道之行、天下为公"的原则和方法。如果实现了"天人合一"的基本环境，人类就很可能达成古希腊哲学家所向往的中产社会，也会趋近孔子描述的大同社会。

作者引用南宋医家严用和在《严氏济生方》一书中的话："或因事有所大惊，或闻虚响，或见异相，登高涉险，惊忤心神，气与涎郁，遂使惊悸"，这显然是在探讨"感时花溅泪，恨别鸟惊心"一类的环境转换问题，即身心协调问题。中医指出每一个脏腑都对应于一种情志，"心主喜，肺主忧，脾主思，肝主怒，肾主恐"。当一个人突然因为"杯弓蛇影"而受到极大惊吓时，中医认为这会导致肾气受损，而西方心理学认为这是人类对外部环境中的事物进行判断时产生的错觉。东西方的不同视角都是基于对整体环境的观察与思考，或者说，整体环境观并不是孤立的环境观，而是普遍联系的环境观。

作者引用孟德斯鸠《论法的精神》一书中的话，认为地理环境会对人民的性格造成影响，还指出各个国家政治制度的差异也受到地理环境的作用，并拿英国和地中海东部的希腊半岛举例，认为温带海洋性气候浸润形成的适宜温度使得人民心理精神状态趋于稳定，海上贸易能够扩大人们的眼界，激起人们的勇气。我在经济学田野调查中也注意到凡贸易集散中心大都孕育了较好的契约文化、标准文化和逻辑文化，这种文化也蕴生出了后来的法治与科学。

18世纪到19世纪整整两个百年，既有自然环境被资本贪婪占有与使用的问题，也有因工业化、城市化进一步加剧恶化的例子，还有百年战争、三十年战争、各种大革命以及殖民运动等。这个阶段诞生的天灾人祸揭开了20世纪各种巨大灾害的序幕。随着"二战"后欧美日韩等逐步构建起托底、扩中、拔高的中产社会之递进体系，追求自然环境与人文环境的和谐便逐渐成为主流。

ESG一词最早出现于2004年一份题为《谁在乎获胜》（*Who Cares Wins*）的报告。在不到20年的时间里，环境、社会和公司治理运动已从联合国发起的企业社会责任倡议发展成为管理资产超过30万亿美元的全球现象。虽然也不乏指责"漂绿"的声音，但是有所行动总比没有好，具有刚性约束性指标固然好，但是先采取披露方式，以便大家共同协进也不是完全无益。

本书提到的投资方与融资方实现ESG"双向奔赴"、在企业管理运营流程中融通 ESG 理念、按照 ESG 标准设立各类投资产品等目标，从根本上需要紧紧依赖于建模、软件化和大数据化，因为个体行为、群体效果以及现在行为、未来结果很多都蕴含在大数据和 AI 之中。当前，量化 QE、QT 以及股票、债券、ETF 基金，也都越来越多地把环保因素纳入进来，并通过 AI 进行海选。随着大数据、AI 技术的普及和深入，以上目标以及整体投资、整体金融的未来将会充满无限希望。

（三）

作者通过对 20 世纪 70 年代罗马俱乐部两份报告的介绍，引出了最重要的观点："在一个整体系统中，任何部分的增长都有赖于其他部分的增长或不增长，任何部分的不良增长也都会危及整体。"整体系统中的每个部分都是这样辅车相依、唇亡齿寒般结合在一起。怀揣整体投资理念的碳中和先行者也正是自觉或不自觉地从整体视角去看待环境、社会与人的关系，并为之努力践行，人类社会才能够在跌跌撞撞地向前迈步的时候，没有完全偏废"生态之腿"。

在澳大利亚，人们可以通过监测牛羊放屁打嗝排放的二氧化碳浓度来合理安排放牧，以便减少相应的温室气体排放。澳大利亚家庭无论是独立屋还是集体屋，大都被花海环绕，这既增加了碳固化和氧释放，也清新了空气、美化了环境，日本的城市屋顶花园、废弃工厂农业也有类似的效果。10 年前，澳大利亚就开始为家庭换装太阳能上网，不仅清洁电能，还降低了电价，老百姓受益良多。

作者注意到了追求碳排放物理量达峰与中和除了在物质基础层面

进行变革，还需要在制度层面建立保障。澳大利亚为家庭换装太阳能就是很好的制度设计，现在中国也在尝试，并对此有一定的补贴，还鼓励余电上网，显示了政策层面对新能源发展的支持。

政策补贴与减税可以增加企业做ESG的收益，作者提到对使用环保技术设备的企业给予一定比例的税前加计扣除，鼓励民间投资积极参与可再生能源和新能源发展项目，通过补贴政策和减税措施鼓励消费者使用绿色能源产品等。我也认为采取一边奖励、一边处罚的"双拳出击"，环境治理效果会更好，比如对不履行ESG责任的企业进行"处罚式监管"。鉴于澳大利亚的消费税是在消费时的发票上写明税率，我曾经建议可以把环保税抵扣与之一并标价，以便引导顾客选购，这也未尝不是一种办法。

在推进碳中和进程中，各国之间应当通过资源共享与技术交流合作，逐步形成"地球村"能源管理协调机制，建立全球能源分类、分时、分区协同开发利用机制，构建与地球共荣共存的"绿色能源共同体"。基于作者的这个想法，我注意到前几年中国电力系统提出了绿色电能外贸概念，即把富余的绿色电力从周边国家购买过来，以便对优势产业给予重点帮助，这也是一种办法，体现了一种国际合作。

作者叙述了英国著名社会学家安东尼·吉登斯在《气候变化的政治》一书中提出的观点：人类一方面强调保护生态环境，另一方面又存在着"搭便车"行为。这种由于气候变化缓慢导致的风险延迟的"吉登斯悖论"给人类发展低碳经济带来了诸多屏障。它代表了一种集体行动困境，特别是当成本与收益不一致，风险被延迟反馈甚至外溢时，如何保证人类在面对低碳经济时不会产生背离、背叛的动机？

在某些条件下，经济的外部性或者说非效率可以通过当事人的谈判而得到纠正，从而达到社会效益最大化，但是这种帕累托最优状态实际上依然建立在人类为了共同利益而采取集体行动这一基础之上。特别是当下，很多人质疑欧美日韩在过去工业化和城市化的进程中曾带给世界污染，引发的当下环保成本该如何弥补。这便有了全球环保技术和资金由发达国家向发展中国家转移的问题，以及通过碳排放权交易实行市场化的出路问题。

我认为，以国家为单位的碳排放权要与人均历史累积量相适应，即基于环境历史与现实的整体性，要有技术资本的转移与援助，除了国家政府，还要有跨国企业、大型企业跟随，在考虑一揽子谈判的同时，全人类还要有相应的行为约束，应当考虑分头分阶段实施。

显然，整体投资涉及企业内外方方面面。内部包括股东、董事和管理层，以及与他们相匹配的职责、操守、价值观和行为心理，外部包括宏观政策环境、金融监管、信誉评价等能够影响企业员工能力和意愿的元素。在企业对外交流中，整体投资涉及信贷、担保、证券以及企业产供销、产学研下的商品交易与服务。由于存在分工协作、相应的利益信誉外溢以及现在与未来延迟，因此决定了内外部的互动和变化博弈，决定了需要集体的公共行动来反馈和强制，这就又涉及审计和评价，以及政府和司法的恰当引入。显然，这种整体投资是一个系统工程，仅靠政府和银行未必能解决问题，政府的产业政策和财税政策以及银行的货币和金融政策要与之齐头并进，而且国际要合作，非银机构与银行机构要携手，唯有大家都行动起来，才能取得良效。

（四）

澳大利亚文化界爱国侨领向我推荐了这位年轻人的书稿，嘱咐我从经济学专业角度给予一些评议，我高兴地应承了。这本书采用文学性较强的方式来表述投资问题，充满了生动的诗意与鲜活的思想。这种夹叙夹议、边述边评的行文风格，通过意境的烘托感染与观点的快速输出直指人心，既充满原创性和学术性，也富含趣味性与情境性。看得出作者王权是一位有理想、有追求的青年才俊，虽然自身的优势与切入点主要是新闻传播，但是也从人寿保险这个作者所在的工作行业出发，将人类可持续发展的大课题放置在现代文明视野下进行审鉴，结合中国古代"天人合一"、西方地理环境论、熵增熵减运动，以及联合国气候会议精神，立建设性宏论、作开创性进言，诠释了自己眼中的整体投资观，这也会给投资行业带来深刻的思想启示。

海内存知己，天涯若比邻。这份源自中国民间的原创作品，不应当仅仅属于中国，也应该属于世界。年轻人自觉的学理探究与思想阐扬，也在无形中为世界多元文化的共存发展开辟了另一种路径。建议其整体投资观可以参照 ESG 标准整理出一个相应的软件包并予以公开，以便被评价与议论，这当然也符合 ESG 所倡导的精神。要是成熟也可以被推广，岂不增加了中国在整体投资领域一个 ESG 方式的可供竞争的标准？

（郭生祥：著名华人经济学家、中国侨联特聘专家、澳大利亚联邦储备银行信用研究所名誉主任、澳大利亚精算师协会荣誉主席）

前　言

整体投资与人类关怀

身在一个位列"世界五百强"榜单的中管金融机构，我时刻感受到肩头沉甸甸的责任，也一直思考投资行业能从哪些方面为人类文明发展做些实实在在的事情。

一部投资史也是一部浓缩版的人类文明史，从货币演化、债券兴起、华尔街传奇到大数据对行业的重新塑造……投资的历史始终与资源的合理分配、社会的发展进步紧紧连接在一起，与普罗大众心中的太平盛世理想紧紧连接在一起。

天下熙熙攘攘，无外乎一个"利"字。但是这个"利"，是损人利己，还是损己利人，抑或是利人利己？正是由于在这个生机勃发的大时代，我看到了中道崩盘的理财产品、人歌人哭的股市楼台以及层出不穷的投机博弈和牵一发而动全身的金融风险，才深刻领会到"人类试图用自己的力量来对抗自然，压制整个生态系统来满足自己的需求和冲动，就可能引发越来越多无法预测的危险副作用"，[1] 因此，我

---

[1] 赫拉利. 人类简史：从动物到上帝[M]. 林俊宏，译. 北京：中信出版集团，2017.

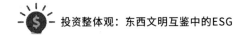

才格外关注 ESG 这个能够为投资行业和人类社会进步提供新思想火花的"灯塔航标"。

这是心灵深处的一场艰难跋涉。十年前，因为对雾霾危害的担忧，我开始关注环境变化与社会治理这个宏大课题。当我在人流蜂拥的早晚地铁上品味国学的盛宴时、在夜阑人静时分耕耘在正知正见的沃野上时，思绪在不断激荡的海洋中奔跳驰骋，在一个又一个振聋发聩的"时代之问"面前乐此不疲。

真正意义上的书稿写作始于五年前。那时，我已经阅读过大量中国传统文化经典和西方政治学、社会学书籍，并与我原先掌握的经济学理论进行交融整合，力求在学理层面探究西方 ESG 理念与东方文化之间的关系。那种形而上的思考让我真真切切地感受到"我思故我在"的快乐，似乎只要生起莫大的恭敬心与恒久心就能渐行渐入智慧的殿堂。

我始终坚信投资机构不仅仅是追求经济利益的"理性人"，也是具有生态环境理念和社会责任感的"感性人"。为此，我将满腔热忱熔铸在对投资文明进路的探寻中，愿将这本浅薄的书册作为抛砖引玉的信媒，叩请越来越多的研究者关注 ESG 投资，尽可能为人类社会增添一点助益。

低碳经济中的"吉登斯悖论"

当企业在生产活动中大量排放工业废气，却不采取任何解决措施时，环境污染的风险将会由人类全体买单，并在代际传承间累积放大。这将会引出一个非常合理的结果：每个人都应当从自身做起，致力于解决迫在眉睫的环境污染问题。

但是另外一个容易被人忽视的问题是：全球变暖带来的危险尽管看起来很可怕，但它们在日复一日的生活中不是有形的、直接的、可见的，因此许多人会袖手旁观，不会对它们有任何实际的举动。然而，坐等它们变得有形、变得严重，那时再去临时抱佛脚，定然是太迟了。[①]这是英国著名社会学家安东尼·吉登斯在《气候变化的政治》一书导论中提出的观点。温室气体排放的后果是一个人类难以察觉的日积月累过程，人们总是认为在自己可以预见的未来不会遭受灭顶之灾，因此不会采取任何积极行动。

人类一方面知道保护生态环境的重要性，另一方面又更愿意"搭便车"。"吉登斯悖论"指出了这种由于气候变化缓慢导致的风险延缓将会给低碳经济发展带来诸多屏障。但是发展低碳经济究竟能带来多少立竿见影的成效呢？不发展低碳经济又会带来多少间不容发的危害呢？对于未来灾难的不确定性和对当下习焉不察的生活的延续容易让人们首鼠两端，在徘徊犹疑中低估了风险累积可能导致的虫穿蚁蚀。

"吉登斯悖论"体现了一种集体行动困境。当人们觉得在治理环境方面付出的成本将高于可能产生的收益时，发展低碳经济就成了一种伴有风险的行动，出于趋利避害的个体在参与治理过程中也可能产生背叛动机。"与绿色项目相比，金融机构对化石燃料项目更感兴趣，因为更多的风险与低回报率的新技术有关。"[②]尽管英国经济学家科斯

---

① 吉登斯. 气候变化的政治[M]. 曹荣湘，译. 北京：社会科学文献出版社，2009.

② Qin Yang, Qiang Du, Asif Razzaq, et al. How volatility in green financing, clean energy, and green economic practices derive sustainable performance through ESG indicators? A sectoral study of G7 countries[J]. Resources Policy, 2022（75）：3.

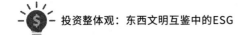

早就说过，在某些条件下，经济的外部性或者说非效率可以通过当事人的谈判而得到纠正，从而达到社会效益最大化，但是这种对于帕累托最优状态的设想需要建立在人类为了共同利益而采取集体行动这一基础之上。

在低碳经济中，企业是环境治理的主体。但是环境治理涉及的企业遍布全球，在没有任何激励的情况下，企业很难谈得上有多少动力为集体产品的提供做出贡献，对于碳排放行为的惩罚往往也并不能解决问题的本质，而碳交易行为的交易成本又会成为一个新的问题，再加上每一位个体在长期能源使用过程中形成的"路径依赖"，总体来看"搭便车"的潜在收益会更高。

仅仅从技术层面推进环境治理似乎并不能彻底解决这一悖论。本书将"吉登斯悖论"放置在人类关怀的框架中加以审思，以投资行业引领社会文明转型和全球价值链调整为根本依归，力求将环境和社会治理纳入地缘政治博弈格局和人类的日常生活中，激励企业和个人为了人类共同的未来而努力，更为具体的碳中和路径构想也将在后记中呈现。

整体投资的人类关怀

企业是社会的经济细胞也是温室气体的"排放大户"。既要在充满复杂性和不确定性的全球环境中实现低碳发展，又要最大限度地创造财务回报，这是一个两难冲突的问题。经济学不但研究个别决策人如何权衡各种两难冲突，并且研究不同个人的决策之间如何交互作用产生某种全社会的两难冲突，研究在不同社会制度下，这些社会上的两难冲突又如何由某种制度权衡折中，产生个别人不得不接受的现实局面。[①]但是在现实中，以探讨资源有效配置和充分利用的经济学，在学科终极意义上似乎指向了最大限度地满足人类日益增长的需求，而失去了对需求背后正当性的追问。

亚当·斯密发表《国富论》以来，现代经济学作为一门独立学科面世。如何实现经济资源的最优配置也成为经济学家为之上下求索的话题。对于投资方来说，是否仅仅通过追求投资产品的最优配置就能顺利达成碳中和目标呢？如果是，那么"最优投资组合"又是什么呢？如果不是，问题又出在哪里呢？

生态环境与社会福祉从来都不是孤立的存在，天上的日月星辰和地上的山水林田都与人类紧紧相伴，缔结成一个大的生命共同体。由于投资的债券、股票、基金和其他项目一端连着生态环境，一端连着投资需求，因此，投资方与融资方不能仅仅聚焦项目收益分析，而是要思考项目、环境和人类等不同生态要素和生命个体之间的深度关联性。

这种深度关联实际上昭示着一种看待问题的整体观念。投资对环境的促进作用总是在一定的政治背景和社会语境下发生，纯粹的投资技术分析难以揭示环境治理的社会学意义和政治学意义。如果没有一套行之有效的投资哲学指导，那么绿色行动往往只能获得短期性或者局部性成果，无法系统地推进治理环境变化的总体步伐。

一个没有投资哲学的金融机构注定难以走远。这种投资哲学不仅仅来自研究报告中关于融资方的数据分析，也不仅来自项目本身的经

---

①杨小凯，张永生. 新兴古典经济学与超边际分析[M]. 北京：社会科学文献出版社，2019.

济效益论证，而是站在人类文明的视角，从中西方文化原典中追溯ESG投资的精神源头，并进行开掘、赓续与升华。正是基于这样的整体观，本书扎根于中国源远流长的思想文化传统，运用整体框架对西方ESG理念进行多维扩充与创造性阐释，并在当代社会学和政治学的理论光谱中进行思想增厚，力求书写更加多元立体而又极富生命力的投资哲学，为绿色投资提供思想的"源头活水"。

在关于一个学科如何实现创新性突破的问题上，托马斯·库恩认为，革命通过摆脱那些遭遇到重大困难的先前的世界框架而进步。这并非一种朝向预定目标的进步，它通过背离那些既往运行良好但不再能应对其自身的新问题的旧框架而得以进步。当投资理论引入绿色生态和社会责任这些约束条件后，仅仅偏向单个学科的一维研究思路无异于盲人摸象，难及全貌。只有开展跨学科研究，突破经济学和金融学单向度的价值审视，才能帮助我们理解生命共同体的过去、当下和未来。

因此，将ESG研究放置在更加宽广的学科融合视角下进行全方位理解，方能展现出整体投资的价值理想与现实关怀。笔者眼中的整体投资是一种着重考察企业投资实践对人与自然、人与社会、人与身心影响的投资，并在此基础上积极找寻环境价值、社会价值、身心价值以及最大收益、最小风险的最优解。

当前关于ESG策略分析和投资预测等"术"层面的书籍汗牛充栋，而专注绿色投资思想等"道"层面的奠基性著作尚存空白，鲜有人从本体论层面建构绿色投资哲学。在笔者看来，经济学、金融学是为人服务的有道德有温度的"人的经济学"，因此中国的ESG投资也应当拥有更具人类关怀的投资哲学，充分汲取生态哲学的精神养分，并深深扎根于薪火相传的传统文化与当代社会生活，提升投资决策的温度与情怀、使命与担当、思想与质效，为全球可持续发展贡献中国方案和中国智慧。

未来的有机增长

美国著名生态哲学家林恩·怀特在《我们的生态危机的历史根源》（*The historical roots of our ecological crisis*）一文中指出，西方的生态危机根源于西方人的犹太教 – 基督教的观念，即认为人类应该统治自然。[①]《圣经》的人类中心主义倾向，不仅肯定人之于自然万物的优先性，而且将人的价值置于全部受造物的顶端。

工业革命后，西方机器生产中"效率至上"的理念催动着人类在不断地改造自然、挑战自然中步入"毁灭性的狂欢"。短期的效率提升和快速的利润增长并不能阻挡人类社会遭遇的种种灾难。人类的惊恐不安、担忧焦虑与自然的报复性反弹深切相关，造成了人口危机、粮食危机、能源危机、环境危机……

1972 年，罗马俱乐部向国际社会推出关于人类困境的报告："有些人相信，人类已经使环境退化，已经对大自然系统产生了不可逆转的损害。我们不知道地球吸收一种污染的能力的确切上限，更不必说地球吸收各种污染相结合的能力了，可是，我们确实知道存在一个上限。而许多地区的环境已经超过这个上限了。人数和每个人的污染活

---

①Lynn White．The historical roots of our ecological crisis[J]．Science，1967（155）：1203–1207．

动都按指数增长是全球达到上限的最基本的途径。"① 这意味着早在50多年前，全球生态系统的反馈循环就已经滞后，今天如果还继续维持现有的资源消耗速度和人口增长率，那么人类对长期投资回报的追逐不过是建立在对生态环境的践踏之上，终将成为海市蜃楼。

两年后，罗马俱乐部再度发布报告《人类处在转折点》，认为现实世界的增长是非均衡的，存在极大地区差异的"无机增长"，在探讨全球人口增长、气候、能源、贫富差距等涉及人类命运的问题后，提出必须关注全球的有机整体性，通过重建世界系统、培养全球意识等方式破解"人类困境"。

如前所述，在一个整体系统中，任何部分的增长都有赖于其他部分的增长或不增长，任何部分的不良增长也都会危及整体，只有各部位的关系平衡才能促进整体实力的最优。最大不等于最优，最多不等于最好，人类解决经济增长问题的途径就是将自然、政治、经济、社会、文化、人等众多因素纳入系统思考的框架，追寻一种最具生态感和幸福感的"有机增长"。

需要指出的是，环境问题不仅是生态治理问题，也是社会责任问题，它包含着对人类生命的价值追问以及对万物存在的理性沉思。随着人类对自然规律的认知与把握不断接近自然的本质，也就会同时接近人类自身的本质。因此，生态环境治理意味着人类需要对自然界各种生态因子的存在和生活方式进行体察，从根本上追寻生命共同体的价值。在这个意义上，环境治理也是社会治理，保护生态环境也是构筑精神家园。

---

① 米都斯，等. 增长的极限：罗马俱乐部关于人类困境的报告[M]. 李宝恒，译. 长春：吉林人民出版社，1997.

只有当这种"万物一体"的整体观渗入投资行动时，才能够为促进人类社会的有机增长提供内在的价值动力。本书致力于将所有治理环境污染和增进社会福祉的行动整合在一个相互交融的框架内，以此来让投资更好地面向自然、面向社会、面向自己。

面向自然和社会的 ESG 投资

物理意义上的企业是由厂房、设备、办公楼等硬件设施组成。这些以物和技术为中心的基础设施建设往往可以在短期内取得突破，但是以人和企业文化为中心的软件设施打造往往需要很长时间，它们不是毕其功于一役的企业口号，也不是短期热点簇拥而成的虚名噱头，而是流淌在民众心中的口碑形象，散发在员工举手投足间的文化底蕴。可以说，企业员工精神面貌和社会责任感的高低在很大程度上攸关一个企业的命运。

投资行业从广义上来说既包括投资方也包括融资方，甚至囊括了投资方与融资方之间的联结型企业，这个行业中每一位有生命的个体都需要与自然、社会和自身进行交往互动。本书通过"天人合一""天下大同"和"天理法情"三篇九章内容，既阐释了笔者对资本运转中各式各样问题的实然描述，又形成了投资与自然、社会关系的应然思考。企业在面向自然时，展现的是人与自然的"天人合一"关系；在面向社会时，展现的是人与社会的"天下大同"关系；在面向身心时，展现的是人与自己的"天理法情"关系。

企业与环境（Environmental）、社会（Social）、治理（Governance）的关系正是 ESG 的基本内涵，即投资不仅要追求环境层面的绿色效益，还要承担社会责任，履行公司制度安排。在这个意义上，ESG投资既立足绿色投资内涵又超越其内涵，追求的是一种各美其美、美美与共的"综合之绿"。在这里，绿色并不是特指某种具体颜色，而是一种象征意义，代表着自然、环保、成长和生机。ESG投资既秉承"天人合一"理念，也将对"天下大同"的追求贯通于社会责任的践行之中，通过"天理法情"的明晰权责安排，为实现"天人合一"和"天下大同"提供制度保障。

投资促进"天下大同"实际上也体现为"天人合一"理念引导之下由环境改善带来的生态福利，在这个意义上，保护环境也可以视作社会责任的一个"面向"。"商人同意明智而谨慎地使用自然资源是一种社会责任。尽管他们在怎样明智地利用资源方面意见不一，并经常反对政府的保护措施，但至少他们已经认可了这种责任。"[①] 当人类将"天人合一"理念整合到投资行动中时，这种理念有可能搭载或者嫁接在低碳经济发展的政策中，并产生巨大的社会效应。由此，发端于自然层面的"环境之绿"将会演化进阶为社会层面的"利他之绿"，并深深根植于企业层面的"治理之绿"。

任何一个行业的发展都需要建立符合这个行业特点的思想"弹药库"。其中不仅要有清朗明晰的奋斗目标，也要有坚定可靠的奋斗路径，特别是需要一群心忧天下、敢为人先、思接地气的理论家，在总结行业发展规律的基础上，对行业发展理论予以创新，究天人之际，通古今之变，成一家之言。

正缘于此，本书立足"天人合一""天下大同"和"天理法情"，

---

①鲍恩. 商人的社会责任[M]. 肖红军，王晓光，周国银，译. 北京：经济管理出版社，2015.

将 ESG 投资纳入多重视角中予以考量，并在东西方文明会通中进行混融和合。虽然拙著谈不上有多少见解，引用文献跨越多个门类，诠释论证或难逃牵强之嫌，但是，笔者还是想以一种更加开放包容的心态对待不同学说，在更加宽广的学术视域中审视投资的根本使命与目标，并以 ESG 为主线进行"学理缝织"和"化零为整"，既是求教大方之家，也希望为构建跨学科、跨国界的绿色投资范式敬献绵薄之力，为人类探索新文明形态提供一些中国人的思想资源。

目 录
Contents

天人合一篇（Environmental）：投资的生态追问

天理法情篇（Governance）：权力架构中的制度供给

天人合一篇
（Environmental）：
投资的生态追问

1990 年，95 岁的国学大师钱穆在口述完成的人生最后一篇文章中对中国哲学"天人合一"观念做了全新的阐释和高度的概括，认为这是"中国文化对人类最大的贡献"，"惟到最近始激悟此一观念实是整个中国传统文化思想之归宿处"，并"深信中国文化对世界人类未来求生存之贡献，主要亦即在此"。[①]

　　但是天那么高，人在地上，怎么合一呢？在中国古代哲学中，"天人合一"并不是指外在的合，而是一种内在的合，是"天道"与"人道"的合一，是自然规律与道德法则的合一。人应当遵循自然规律，与宇宙万物和谐共处，达到"天地与我并生，万物与我为一"的境界。

　　中国古人很早就认识到了宇宙与人生的关系。鲁哀公十六年，孔子在临终前挂着拐杖，倚立门楣，悲伤地唱道："太山坏乎！梁柱摧乎！哲人萎乎！"他或许是想起了率门徒周游列国的情景，在楚国流落，在陈蔡受困，虽然一心想恢复周礼、匡世济民，却四处碰壁，经历过生命的至暗时刻，带着壮志未酬的遗憾发出了"尽人事，听天命"的感慨。

　　天赋予了人类"明德"的本性，它是人在后天社会生活中能够选择正确行为的内在根据。古人说："大学之道，在明明德，

---

① 参见钱穆遗稿《中国文化对人类未来可有的贡献》。

在亲民，在止于至善。"意思是人类要追求高尚的美德，革除身上的陋习，培养止于至善的精神。"四书"之一的《中庸》第二十二章中提到："唯天下至诚，为能尽其性；能尽其性，则能尽人之性；能尽人之性，则能尽物之性；能尽物之性，则可以赞天地之化育；可以赞天地之化育，则可以与天地参矣。"① 意思是，只有具备极其真挚诚恳德行的人，才能充分发挥自己的天赋本性；能够充分发挥自己天赋本性的人，就能充分发挥众人的天赋本性；能够充分发挥众人的天赋本性，就能充分发挥世间万物的天赋本性；能够充分发挥世间万物的天赋本性，就可以帮助天地培育生命；能够帮助天地培育生命，那么他也就可以与天地并列为三了。

大自然为万物提供了存在和活动的场域及条件，天然地具有使万物生生不息的本质力量或运行机制，这种客观存在的内在价值成为人类一切活动最根本的价值原则。正是万物之间同根不同质的客观实在，为人类确立了民胞物与、和合天下的原则，这也是我们对投资进行生态追问的逻辑起点。

---

①中华文化讲堂. 大学·中庸·论语[M]. 北京：团结出版社，2014.

第一章　环境、情志与社会戾气

工业革命以降，飞跃发展的科学技术在推动经济社会一路高歌猛进的同时，也给大自然带来了深重的灾难，大气污染、河川枯竭、灾疫频发……不断恶化的自然地理环境加剧了人类生存的焦虑感。

一、地理环境与性格塑造

从基因遗传学角度来看，人类的先天性格既受到遗传物质的决定，又会受到后天环境的影响。家庭熏陶、学校教育、社会实践等后天因素会通过激活或抑制人体某些基因的表达，对先天性格进行间接塑造。然而我们不可否认的是，形成人类先天性格的母体环境也存在于自然宇宙大环境之中，与其说性格塑造主要在先天阶段完成，倒不如说整个地理大环境参与了人类从孕育到终老全生命周期的性格变化。

关于地理环境对国民性格影响的历史记录并不鲜见。东汉历史学家班固在《汉书·地理志》中做了这样的记载："凡民函五常之性，而其刚柔缓急，音声不同，系水土之风气，故谓之风；好恶取舍，动静亡常，随君上之情欲，故谓之俗。"意思是，生活在自然界中的老百姓，性格会受到金木水火土五行的影响，其性格有的刚硬、有的柔和、有的沉稳、有的急躁，说话的腔调和声量都不一样，这是由于一方水土养一方人的缘故，可以称之为风；喜欢或者讨厌某个事物，使用或者丢弃某个东西，一会儿动若狡兔，一会儿又静如处子，完全根据君王的欲望来决定，可以称之为俗。

由此可见，风与俗是不同的，风源于水土，是不同自然地理环境形成的不同风尚，重要的是它起于民间；俗则是发自君王的所思所想，也就是说它出自官方，如果要演化为民间的风尚规则，就需要通过从庙堂至江湖的宣播，形成一种社会人文环境，进而浸润在老百姓的性格中。

风与俗结合在一起，涵盖了人类性格形成中官方与民间的双重因素，它代表着人们在特定自然环境和具体社会条件下形成的群体性生活习尚，并影响着身处其间的人的性格与心理，在经过历史的交错积淀后，沉积为总体意义上的国民性格。

西汉淮南王刘安及其门客在哲学著作《淮南子》中提到："土地各以其类生，是故山气多男，泽气多女；障气多暗，风气多聋；林气多癃，水气多伛。"意思是，凡是地形基本都是这样的分类，生活在云气多的大山深处，生育后代中男孩概率更高，生活在雾气多的沼泽地带，生育后代中女孩概率更高；湿热的瘴气会让人的声音变得暗哑，邪恶的风气会让人的耳朵变聋；成片的森林散发的气息要是过重，就会让人腿瘸，水气要是过重的话，人就容易背驼。

这种说法继承和发展了"天人合一"思想，展现了古人对自然、社会和人类观察认识的结果，旨在解决人的生存价值、境界层次和安身立命等问题。地理环境在为人类提供生存空间的同时，不同的自然风貌与风土人情也决定了人类不同的生理和心理特征。

法国启蒙思想家孟德斯鸠特别强调地理因素在人类社会发展中的作用："生活在寒冷地区的人们充满了精力，对快乐和痛苦的感觉比较迟钝；生活在炎热地区的人们缺乏勇气，人们的感受就要敏感些。"[1] 在他看来，不同国家的民族性格、道德风俗、法律政治都会受到气候、土壤和居住地域的影响。

以上论断或许过分强调了地理条件的支配性作用，忽视了社会、历史等其他因素的影响，与人类的实际生活并不能完全耦合，但揭示了人类在生存实践中总结归纳的道理：一个国家和民族的性格特征、历史演变乃至生产生活方式、文化交际取向都与自然环境有着千丝万缕的联系。

揆诸中外，极具地域特色的范例无不昭示着自然地理与民风民性之间的关系。关东出相，关西出将，清朝学者十之八九产生于苏浙皖三省[2]；丹麦人沉浸于书斋阅读；德国人严谨沉稳自律；英国人颇具绅士风度……

橘生淮南则为橘，生于淮北则为枳。一切文明皆离不开环境的陶铸，地形、气候、土壤等地理因素影响着人的生活方式和行为习惯，并在久久为功的积累中塑造着人的思维和性格。比如，英国人的绅士风度除了对骑士精神的传承外，也离不开英吉利海峡地理形态的培

---

①孟德斯鸠. 论法的精神[M]. 申林，译. 北京：北京出版社，2007.

②梁启超. 近代学风之地理的分布[J]. 清华大学学报（自然科学版），1924（1）：2-37. 该文谈到了气候山川特征与住民性格特征、思想习惯、文化传承的关系。

塑，它隔断了英伦三岛与欧洲大陆的地理联系，温带海洋性气候孵化而出的适宜温度，更利于培养稳定的国民精神，体现为性格特征中较为典型的绅士风度。

大陆与海洋创造出了完全不同的中心文化和民族性格。从西部沙漠乃至中亚等地吹来的黄土堆积形成陕北地区的黄土高原，"帕帕头上戴"的俗语描述了当地人戴头巾的习惯，为了应对烈日毒辣、风刮尘扬的自然地理环境，当地人发明了集防风、防晒、防沙尘和擦汗等多功能于一体的棉布头巾，特殊的地域环境影响着其生活方式，也在经年累月间形成了其淳朴坚韧的性格。

地中海东部的希腊半岛由众多岛屿组成，土地贫瘠、良港密布。得天独厚的航海条件涵育了当地人性格中的通达和从容，大海那怒吼的声调、澄明的浪花、奔流的潮汐，都恰好与人类向往自由的天性吻合在一起，滋养着一个民族的进取精神、法治秩序和文化创新。

从更笼统的视角来看，作为世界文明多样性中极具代表性的两极，黄土文明以追求人的身心、人类社会和自然环境的和谐圆融为旨归。海洋文明则挟着人类快速打破思想和行动的整体框架，试图用壮美的潮起潮落诉说自然的生命伟力，促进人类社会从暗昧走向透明，从封闭走向开放，从专制走向自由。

庄子《秋水》一文中提到的那位"欣然自喜"的河伯，以天下之美为尽在己，直到见了北海才开始望洋兴叹。如果一个国家和民族仅仅龟缩在狭小的世界里，就无法体验到深海大洋那包举宇内、普济天下的博大，或许那是一种能够直截了当赋予一个民族以强大文明活力的东西。

二、从环境污染到情绪污染

地理环境对人的性格塑造并不是毕其功于一役的，而是通过年长日久的点滴影响，逐步浸润到人的总体性格养成中。人的总体性格又会决定情绪表达与稳定程度，进而影响认知和行为，并从微观上改变人的总体性格。突如其来的自然灾害、不期而至的生态污染、无处不在的信息洪流等环境变化在引发人类短期情绪改变的同时，也会将这种情绪反应沉积涵化在个体的性格中。

从应激心理角度来看，当人类遭遇烧伤、爆炸、失火等巨大的环境变化时，身体会留下强烈的痛苦记忆。如果再次面对大量的类似负面信息时，"闪回或侵入性的思想和图像"会触发创伤后的应激障碍，导致难以控制的情绪失调和精神冲动，这种消极负面情绪堆积的负能量也会在人群中扩散，对团体内部其他成员形成"情绪污染"。

南宋医家严用和在《严氏济生方·惊悸怔忡健忘门》中写道："夫惊悸者，心虚胆怯之所致也。且心者君主之官，神明出焉，胆者中正之官，决断出焉。心气安逸，胆气不怯，决断思虑得其所矣。或因事有所大惊，或闻虚响，或见异相，登高涉险，惊忤心神，气与涎郁，遂使惊悸。"意思是，惊恐而心跳加快的症状，是由于心气衰弱、胆小害怕所致。对于身体来说，心是国家的君主，主宰人的精神意志，胆是文官的指挥部，决断都出自于此。如果心气能够舒适自在，胆气也不怯弱，决断思虑就能够畅通无阻。有时因事突然受到惊吓，或者听见巨响，看见异物，登高临危，使得心惊神慌，气机郁塞，于是就导致了惊恐心悸。

中医认为人体的每个脏器都对应一种情志——"心主喜，肺主忧，

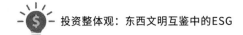

脾主思，肝主怒，肾主恐"。过怒伤肝、过喜伤心、过思伤脾、过悲伤肺、过恐伤肾。当一个人突然受到外界极大的惊吓时，肾气往往会受到损伤，表现出惊悸恐惧的状态。杯弓蛇影和伍子胥过昭关一夜急白头的故事都讲述了由于环境刺激引起情志损伤，最终导致人体气血失调的过程。

自然环境在与人类的互动中，总是通过天灾地变对人类的心理与情感进行"撩拨"。雾霾、污水、粉尘、沙尘暴、废气排放、城市噪声……遍体鳞伤的环境在一定程度上成为滋生疠气的策源地，并演化为情志损耗传播链上的重要一环，连缀着人类心灵的恐慌与焦乱、灵魂的悸动与救赎、血脉的战栗与贲张，也深刻影响着历史与文明的进程。

创立"三因极一"学说的南宋医学家陈言，将病因归纳为内、外、不内外三因。其中，"六淫"致病归于外因，"七情"致病归于内因，其他病因归于不内外因。他在医著《三因极一病证方论》中写下了这样一段话："斯疾之召，或沟渠不泄，秽恶不修，熏蒸而成者；或地多死气，郁发而成者。"疾病从哪里起源的啊？厕所涨满了也不疏浚，肮脏污浊的东西长期不清理，这些东西产生的邪恶之气在密闭的空间里蒸腾发散就成了疾病；有的地方阴暗沉闷的气息积聚，而得不到发泄，久而久之就会暴发疾病。

清朝温病学派的代表人物杨璿在《伤寒瘟疫条辨》中也表达了相近的看法："种种秽恶，上溷空明清净之气，下败水土污浊之气，人受之者，亲上亲下，病从其类。"各种各样污秽邪恶的东西，不仅污染了天上清洁的空气，也把大地上原本洁净的水土弄得污浊不堪，人如果接触到这些东西，又互相聚合，就会滋生各种疾病。

19世纪曾经夺去数万人生命的霍乱，让英国人至今仍谈虎色变。

1831年10月，一艘从普鲁士返航英国的船只在桑德兰港口靠岸，船上几名船员腹泻不止，医生束手无策。很快，这种以剧烈腹泻为特征的未知疾病席卷整个国家。患者首先发热、出汗，然后是无法控制的腹泻，因为口渴难耐需要大量饮水，但饮水时又出现剧烈的恶心呕吐，随后开始出现脱水症状。患者声音嘶哑、肌肉疼痛、皮肤松弛、体重下降，严重的血液失水导致皮肤和指甲呈现蓝色，在哀嚎或呻吟中快速昏迷和死亡。这种后来被称为"蓝色恐怖（The blue terror）"的疾病给英国人带来前所未有的震惊与慌乱。

这只是霍乱在英国最初流行的一幕。从1817年到1896年，全球共发生五次霍乱大流行，亚洲、欧洲、非洲和美洲均未能幸免，给人类带来了巨大的灾难。

1849年7月下旬，霍斯利当托马斯街的萨里大厦有12人葬身霍乱，全科医师兼麻醉师斯诺通过现场调查发现，"这是一片连在一起的平房，大家共用房子面前院子里的一口水井。这排房子的前面有一个排污水的通道，和院子尽头的露天下水道相连。排污通道有几个很大的裂口，污水就直接流到水井里；遇到夏天暴雨的时候，恶臭的污水就会淹没整个院子。这么一来，只要一个人得了霍乱，很快就会传染到萨里大厦里的每一个人。"[1]关于霍乱病源的深入剖析，将矛头指

---

[1]约翰逊. 死亡地图：伦敦瘟疫如何重塑今天的城市和世界[M]. 熊亭玉，译. 北京：电子工业出版社，2017.

向了都市恶劣的生活环境。

自1840年英国率先完成工业革命，伦敦工厂林立、机器轰鸣，化粪池不计其数，烟囱肆无忌惮地向空中排放着滚滚浓烟，生产废水直接排入泰晤士河，整个城市笼罩在熏天浊气之中……

环境污染滋生的疠气不会放过对人体的摧残。它们争先恐后地窜入人体，通过干扰脏腑气机的升降出入，刺激着人类的感官情绪。长时间的负面情绪刺激会引起"神经–内分泌–免疫功能"紊乱、物质能量代谢异常等一系列级联反应，增加疾病暴发的概率。

一切疾病皆起于情志。人类的情绪调节与自然界的万物自始自终保持着惺惺相惜、互为感应的关系。一份由20多个国家的一流科学家撰写的联合国报告称，如果社会发展和环境保护的投资跟不上预计的人口和收入增长，则环境退化将对人类健康构成严重的威胁——要么直接（例如大洪水）要么间接（不能获得充足的健康食品和清洁水）。[1]由此观之，环境污染对人类健康的威胁已经远超出我们的想象。

这种对环保的焦虑在今天并未减缓。几名中国学者在 *Nature* 子刊发文认为，造成各种呼吸系统和心血管疾病的PM2.5污染是全球人类健康最大的环境风险因素。2017年，PM2.5污染导致全世界近300万人死亡，是当年艾滋病死亡人数的三倍。[2]这些研究表明，全球需要抓紧实施更加强有力的空气污染缓解政策，大幅减少空气污染造成的疾病和死亡。

《黄帝内经》中的名篇《素问》记载了这样两段话。

---

[1]联合国环境规划署. 全球环境展望[M]. 北京：中国环境科学出版社，1997.
[2]Yue H B，He C Y，Huang Q X，et al. Stronger policy required to substantially reduce deaths from PM2.5 pollution in China. Nature Communications，2020，11（1）：1462.

"春刺秋分，筋挛逆气，环为咳嗽，病不愈，令人时惊，又且哭；春刺冬分，邪气著藏，令人胀，病不愈，又且欲言语。"

"夏刺肌肉，血气内却，令人善恐；夏刺筋骨，血气上逆，令人善怒；秋刺经脉，血气上逆，令人善忘。"

如果春天用针误刺了秋天的穴位，就会出现筋络痉挛、气机逆行的现象，使得邪气环绕于肺部，又引发咳嗽，病不能愈，使人又惊又哭；如果春天误刺了冬天的穴位，邪气深入内脏，使人感到胀满，病不能愈，但又让人很想多言多语。

夏天用针刺肌肉，会造成血气内滞凝结，使人易于恐惧；夏天用针刺筋骨，会造成血气上逆，使人易于发怒；秋天用针刺经脉，会造成血气上逆，使人易于忘事。

这两段话向我们展示了不同季节的外因刺激会引发人体气血不同的走向，进而产生不同的情志反应。作为奠定中医学理论基础的《黄帝内经》，不仅把人体看成一个有机整体，同时把人与整个世界看成一个整体，最早提出了"天人相应"的观点，指出人是自然界的产物，其休养生息必须与自然环境相应相参。

本节提出"情绪污染"的概念，意在与环境污染进行比照，并将二者作为逻辑传播链条上的两端，指出这种导源于自然灾害与人类生产的环境污染，最终会体现为对人类情绪的损伤和身心的戕害。实际上，情绪污染还有另一层含义，即当情绪波动的个体越来越多时，其他个体也会觉察、体验到这种情绪变化，并改变自己的情绪状态，造成群体性的情绪污染。

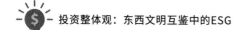

三、社会"火药桶"

对环境污染向情绪污染演化过程的理解，有助于人类从传导机制上将自然与人体进行整体关联。但是情绪污染的后果除了前面提到的身心层面的危害，还有情绪极化带来的社会戾气。请看《素问》中的另一段话："怒则气上，喜则气缓，悲则气消，恐则气下，寒则气收，炅则气泄，惊则气乱，劳则气耗，思则气结。"意思是，人一旦发怒就会导致气上逆，一旦大喜就会导致气涣散，一旦悲伤就会导致气消耗，一旦恐惧就会导致气下陷，遇冷则气收聚，受热则气外泄，过劳则气耗损，思虑则气郁结。

在中医学中，"气"就是情志，它既源于人体脏腑，又无时无刻不感受着大自然"六淫七情"的"馈赠"。中医学将风、寒、暑、湿、燥、火六种外感病邪统称为"六淫"或者"六气"，代表自然界中六种不同的气候变化；"七情"则包括喜、怒、忧、思、悲、恐、惊七种情志活动。

按照南宋医家陈言的说法，"六淫"致病可以归结为外因导致的疾病。中医学界普遍认为"七情"致病重于"六淫"致病。因为人类在实践中发现"七情"引发的情志之病属于内伤杂病，由内而发，直中脏腑，而"六淫"属于人与自然环境不相合而外感的不正之气，主要从口鼻或皮毛侵入人体。

笔者并不敢苟同以上观点，因为"六淫"也会导致人类产生一系列情志变化，比如天气炎热可能导致人心烦意乱，阴冷潮湿的环境可能引发人的忧思抑郁，人体最终呈现的情志变化很有可能是"六淫七情"综合作用的结果，这也符合中医辨证施治的整体观。

洪涝泛滥、土地沙化、海啸赤潮……当环境污染超出自然界的承受能力时，异常的自然环境将会引起大寒、大热、大燥、大湿等反常的气候，并将滋生的疠气传导至人类的情绪系统。当外界刺激超越了人体自身的情绪调节能力时，疾病就产生了，如前文所言，喜伤心、怒伤肝、思伤脾、悲伤肺、恐伤肾。

从环境污染演化为情绪污染，直至社会戾气的生成过程中，情志变化就如同一个媒介，一边上承环境变化带来的苦闷忧愁，一边开启舆论极化可能导致的社会戾气。不仅如此，在经历"七情"的波动后，人体脏腑的气血容易耗伤，出现各种症状，又会再度加剧情志不舒与气机不畅的状态。

这种特殊的精神状态需要从根子上找寻答案。在佛家看来，空洞暗昧是物理现象界的最初本位。由此空洞暗昧形成物质和生理的本能，于是生理的本能活动与情绪妄想相混杂，形成心理状态，而显出精神的作用。[1]从环境污染中衍生的"六气"在加剧人类情绪不稳定性的进程中，也催生了一批热衷熬夜、酗酒、暴饮暴食者，当他们无法通过适当途径排解愤怒忧愁、惊惧焦躁等负面情绪时，现实中一言不合挥拳相向的案例就不足为奇了。

凡是涉足社交媒体的人常常有这样的感觉，许多"草根"往往因为某个特别事件，一夜之间就被舆论捧上神坛，而一些社会公众人物只要稍有不慎，也会瞬间跌落万丈深渊。这种自媒体上的情绪极化现象，在一定程度上折射出人类情志与环境污染之间的传导链条正日益运转，层出不穷的情绪污染与快节奏、高压力的生活状态共同合谋，

①南怀瑾. 楞严大义今释[M]. 北京：东方出版社，2018.

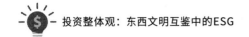

加速演化为此起彼伏的社会戾气。

古人的生活应该与今朝大相径庭。我们可以想到先辈们日出而作、日落而息的生活状态，面对着朝暾夕月、落崖惊风，自由吮吸来自山野间的花香。那春的草木萌动、夏的蝉鸣虫唱、秋的月白风清和冬的烹雪煎茶，都成为他们生活的有机部分。

然而今天，我们会不由自主地感喟，已经很久没有倾听时光大地的歌唱了。曾经的少年告别了故乡，再也没能回去，只是在"误落尘网"后的中年"油腻"时分，偶尔会想起远方的泥土花香。我们已经习惯于在结束了一天的案牍劳形后，躲进钢筋混凝土搭建的格子空间里，与工业革命以来层出不穷的机械化、电子化设备对话，用移动多媒体来填充晚霞落尽后的漫漫长夜。

从曾经的"斧斤以时入山林"到今朝的"不合四时之序"，从过去的"迟日江山丽，春风花草香"到现在的"天昏昼如夜，裹雾更揪心"，当人类凭借日新月异的科技无以复加地向自然攫取资源时，不断膨胀的物质欲望破坏了人与自然的和谐关系，让生态系统的修复进程止步不前。

厄尔尼诺和拉尼娜频繁登场，冰川加剧融化、物种飞速灭绝，火山地震、全球流感以及各式各样的工业污染，一次次将人与自然推向分庭抗礼的境地，人类一次又一次力图用科技控制自然，自然又一次次地用更大的灾难报复人类。自然的反击让人类在现实中极度缺乏安全感，零星的情绪火苗也可能成为引发社会紊乱的"火药桶"。

一个不可忽略的现象是社会上各式各样的灾难新闻似乎越来越难以刺激我们的神经了。当疲惫的身心流连于靡靡音乐与快餐化视频的滑动中而浑然不知时，数万年来，从莽林丘壑间锻造而出的天然预警力和身体感知力正在代际传承中日益衰退。

自然一点一滴的反抗在日积月累中超过了我们的承受极限，最终在人类繁衍中以基因的选择性表达完成人体功能的变化。虽然人类对此习焉不察，但这些环境蜕变的负反馈作用正在日复一日地吞噬人类的想象力和思考力，直到有一天也许突然将我们歼灭。

恩格斯在《自然辩证法》中说："我们不要过分陶醉于我们人类对自然界的胜利。对于每一次这样的胜利，自然界都对我们进行报复。每一次胜利，起初确实取得了我们预期的结果，但是往后和再往后却发生完全不同的、出乎预料的影响，常常把最初的结果又消除了。"[1] 人类在向自然界索取大量资源的同时，却又不得不为自然界引发的情绪污染与机体疾病买单，一反一复之间，人类是输家。

这里只是探讨了引发社会戾气的一条路径。实际上，社会戾气的生成还有多条路径。比如，当某些官方的、权威的消息和说法走入"塔西佗陷阱"[2] 时，信任结构崩塌带来的明显后果是社会信任成本的激增，这也是造成社会"火药桶"爆裂的重要原因。

让我们共同做一个大胆的想象，一位由于情绪污染而变得精神萎靡、意志减弱的人，却又不得不承担繁重的工作压力时，那种困苦与挑战对身体的摧残将会是惊人的。没有人会愿意在少壮之年就被环境污染带来的情志跌宕击垮身体，即便是在风烛残年之际，也希望远离神情枯槁与形销骨立，在大自然的绿水青山间老去。

---

[1]恩格斯. 自然辩证法[M]. 中共中央马克思恩格斯列宁斯大林著作编译局，译. 北京：人民出版社，2015.
[2]古罗马历史学家塔西佗提出的一个理论，当某一组织失去公信力时，无论说真话还是假话、做好事还是坏事，都会被认为是说假话、做坏事。

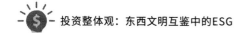

四、双向 ESG

关于社会戾气生成机制的分析研究最终还是要落地为对社会"火药桶"问题的源头治理。这为我们站在投资角度解决环境污染问题提供了合理依据，锚定投资方和融资方投资理念、投资行动与环境保护之间的深层关系进行更加深入浅出的阐释，也便显得师出有名了。

在一定程度上，我们可以说投资机构推进环保的过程也是每一名企业员工身体力行、实现使命的过程，是人依托于企业，发挥资本力量，实现人与企业、人与自然共生共长的一场宏大的生态文明历史建构。

企业是伴随着劳动生产率提高和社会生产力发展而诞生的组织形态。如果仅仅将目光局限在资源的最优配置和有限资源的充分利用上，则企业终会在追逐金钱和财富的路途中变得急进和浮躁。虽然创造价值是其重要功能，但其本质和目标是"解决社会问题"，因此必须拥有契合企业自身特点的、能够保持可持续发展的价值观。

或许可以这样说，人类当下的经济发展瓶颈是一味追求经济效益而不顾自然生态导致的困境，是以高耗费、高污染换取高速度、高效率带来的恶果，投资行业在自我膨胀的过程中充当了"为虎作伥"的帮凶。今天，我们站在生态文明发展的历史拐点上进行回望，或许可以洞察到这样一种事实：生态文明其实是在反思和扬弃工业文明基础上发展起来的"后工业文明"，是追求人与自然、人与人、人与社会和谐共生的文明形态。

置身后工业文明语境之下，企业不能依然承继工业文明框架内的固有增长模式，而是需要通过社会资源配置，深度参与社会治理和城市治理，在对工业文明时代遗留的千疮百孔进行纠正的基础上，服务人类的全场景、全业态、全智能的新生活，让自身成为履行环境责任和社会责任的重要主体。

当自然环境在企业的助力下逐步恢复生态系统的自我调节能力时，原本肆意流窜的污浊之气渐渐停歇，人体气机也在总体上慢慢平复。某种程度上，借由环境污染带来的社会攻讦与恶意言行也会在一定范围内止戈停武，消融于生态文明的绿色沉淀中。

德国诗人荷尔德林在写给黑格尔的书信中表达过对大自然无可抵御的魅力的希冀："人们向往瑞士的山区，那耸入云霄的高度，硕果累累的闪光的山谷，山脚下小屋星布，冷杉林阴翳蔽日，羊群遍野，小溪潺潺。"[①]或许正是荷尔德林对生活中诗意的揭示，才引发了海德格尔对"诗意地栖居在大地上"的向往，并对人类的生存境遇与存在结构进行分析。

只要"有价值的物"的物性建立在自然物性之上，自然物的存在、自然之为自然，就是首要的课题。[②]人类既然以自然为存在之根，首先必须将技术对自然的影响控制在一个限度内，这个度应当既能维系自然自身的存在，也能保持人在地球上诗意地栖居。

如果环境遭受压迫和奴役，那么它也会将这种破坏以灾难灾害形式传递给社会，致使人类丧失自身栖息的家园。人类必须创造性地构

①荷尔德林. 诗意地栖居在大地上——写给友人[M]. 王佐良，译. 沈阳：辽宁人民出版社，2022.
②海德格尔. 存在与时间[M]. 陈嘉映，王庆节，译. 北京：生活·读书·新知三联书店，2006.

建一种"绿色发展之道"，推动社会从工业文明向生态文明转型。在这个意义上，从自然环境和社会生活实践中脱胎而出的ESG理念为我们提供了渊深的思想。

融合Environmental、Social和Governance三个英文单词首字母的"ESG"源起于西方宗教投资领域。在犹太教的典籍《塔纳赫》与《塔木德》中，详细记载了经商必须遵守的信条，这种对诚实守信商业文化的尊崇在犹太律法中也有所呈现，禁止宗教团体的投资行为与宗教观念相冲突，强调个体要担负责任，通过投资纠正原本不平衡的行为，这让投资带上了浓厚的道德伦理色彩。

18世纪，美国卫理公会教徒和贵格派教徒在宗教教义的基础上形成排除性投资准则，酒精、烟草、赌博和军火成为"禁投区"。"二战"以后，欧美兴起的公众环保运动中，投资者努力将有关社会责任的价值取向反映在投资活动进程中，宗教教义逐渐转变为对当下社会意识形态的反映，从而成为真正意义上的社会责任投资。

20世纪90年代，在英美两国的金融市场上开始出现这样一批投资者，他们在筛选股票的过程中，不再主要依靠自身的主观意识，而是综合考量融资方的环境、社会和公司治理等外部非财务指标，进而反映到对企业价值的评估中，并按照一定的投资框架来调整投资收益和风险。投资行为开始从道德意识层面逐渐延展至投资策略层面，并在2004年由联合国全球契约组织首次提出ESG概念。

环境，即ESG中的E，强调企业践行环境责任，在生产及运营过程中采取环保措施；社会，即ESG中的S，强调企业在生产及运营过程中遵循合规要求，考虑社会长远利益及商业伦理；治理，即ESG中的G，强调在企业经营管理过程中构建科学合理的企业管理制度体系，实现公司经济收益和社会效益最大化。

现代意义上的 ESG 投资理念形成以来，投资方开始将可持续性、碳足迹、员工薪酬和福利等具有潜在财务影响的"表外因素"纳入对融资方的评价中，既实现了对传统财务分析的补充，也考察了企业的中长期可持续发展潜力，推动着融资方逐渐适应对环境和社会数据进行披露与分析。

这里存在一个日常文法错误。我们习惯于用"某投资方践行 ESG 理念"去表达该投资方用 ESG 标准筛选融资方。实际上，该投资方践行 ESG 理念应该是以投资方为主体，主动去融通、适应 ESG 的各项标准，用 ESG 理念对投资方本身进行塑造。而投资方按照 ESG 标准筛选融资方，实际上是投资方对融资方践行 ESG 理念成效的综合评判，比较科学的表达应当是"某融资方践行 ESG 理念"。

必须重点指出的是，ESG 理念并非只是投资方天然地为融资方戴上的"紧箍咒"，也并非投资方以上帝视角俯瞰融资方的一种选择标准与要求，而是对投资方和融资方双方均具有约束力的"大道本源"。在本书中，笔者意在立足 ESG 理念对投资方的塑造，兼谈 ESG 作为筛选标准对融资方的约束。因此投资方不仅要对融资方进行 ESG 评分，监管层与融资方也要针对投资方进行 ESG 评分。评估融资方是为了知道该"投什么"，评估投资方是为了知道"该由谁投"。

鉴于"双向 ESG"的构想，监管层应当围绕"投资方如何用 ESG 理念对自身进行规训"这个话题展开指导，推动投资方在企业管理运营流程中主动融通 ESG 理念，设立一系列关于环境保护、社会责任履行和公司治理层面的关键指标议题和模型，将自身的投资行动当作改善环境与社会的一种手段，勘破股东利益最大化目标下可持续发展困境的底层逻辑。

"ESG标准的整合能够对企业可持续发展绩效产生积极影响，从而提供更好的投资优化，改善组织在利益相关者中的形象，提高企业竞争力，促进企业可持续性，改善与性别多样性有关的关系，改善智力机会，等等。"① 投资方既要注重为股东和其他利益相关者创造价值，也要关注企业日常经营活动与环境、社会之间的相互影响，设立的各类投资产品可以按照ESG标准设计，通盘考虑利益相关方的需求，通过ESG标准维度转换为指数形式，在环境、社会、治理的多重互动下，建立一套能够有效计算投资行动中投资方和融资方对自然和环境净贡献的自然资本核算模式，实现ESG的"双向奔赴"。

笔者以为，投资方与融资方都是企业，在归属企业日常经营管理方面的ESG评分指标应该是基本保持一致的。所不同的是，一个是"投"，一个是"被投"，这种做功方向与赋能关系决定了ESG指标上又略有不同。比如，融资方可以直接说"减排多少"，但是投资方只能说"通过投资实现了多少减排"，再比如，融资方在社会层面"保障员工劳动""加强社区沟通"，虽然投资方自身也具有这项职能，但其主要关注点应当在于通过投资做功带动了多少绿色增长和充分就业。

企业的经营活动高度依赖健康生态系统提供的各种功能和服务。

---

①Anrafel de Souza Barbosa, Maria Cristina Basilio Crispim da Silva, Luiz Bueno da Silva, et al. Integration of Environmental, Social, and Governance（ESG）criteria：Their impacts on corporate sustainability performance[J]. Humanities and Social Sciences Communications，2023（10）：15.

当土壤、水体中检测出的农药绵延至北极"净土"，当硫酸雨飘荡在撑着油纸伞的雨巷，当遮天蔽日的沙尘暴漫进了人类的呼吸系统，生物多样性丧失和生态系统退化的危机将会直接影响到自然资源的分布和企业的发展，与之密切相关的物理风险和转型风险也会转化为企业的金融风险。

在资本、环境与社会共生博弈的意义上，重新拓宽资本使命已经成为箭在弦上，不得不发的大事了。尽管不同的资金属性决定着不同的投资框架与投资策略，但是关于环境、社会和治理的共识在企业间是一脉贯通的，投资方更需要将资金引向环保、低碳、清洁能源等相关领域，在创造财务回报的同时，为改善环境和增加社会福祉做出贡献。

这并非仅仅将 ESG 视作落实可持续发展理念的执行体系，ESG 也并非一种意识形态工具，[①] 而是通过剖析企业组织在践行绿色理念方面的专业化操作方式，进一步揭示其背后天、地、人"三位一体"的思想框架，这既是本书构建 ESG 范式的初衷，也是希望发端于西方的 ESG 理念能够为全人类共享，在点燃社会烟火气的同时，达成企业与个人在解决环境污染、人类健康、社会共富等问题上的共识，形成有机统一、美美与共的良性系统。

将环境、社会、治理三大要素与资本运转紧密结合的 ESG 理念，成功地为企业实现可持续发展目标提供了一整套哲学理念与思考框

---

①美国主流保守派认为ESG是进步派用来在企业和金融机构中推进左翼意识形态的政治工具，从要求纳斯达克上市公司根据种族和性别任命董事会成员到要求报告温室气体排放，ESG正在摧毁自由市场，威胁美国的利益和自由选择的文化结构。参见：Chris Crews. The far right culture war on ESG[J]. Religions，2023（14）：1257.

架，成为评估投资方和融资方与环境、社会关联的极富远见的视角，是"道"层面的理念表达与"术"层面的行动指引的有机结合，是人类在充分认识到"生态有边界"和"大同无止境"基础上形成的新文明视野。

第二章　资本的规训

投资方该怎样获取投资收益，能够获取多少投资收益，似乎很多时候难有定论。即便你使用最科学的计算工具，精心构建了估值模型，满怀信心地认为志在必得时，来自政策制度、公共外交、财务造假、市场投机、自然灾害等因素中的任何一个细枝末节都可能引发连锁反应，让原本固若金汤的投资"护城河"突然间长河溃堤，覆水难收。

当你遭受重挫，功亏一篑，本以为穷途末路、进退维谷之际，或许突然间绝处逢生，柳暗花明，一条通幽曲径牵引你逆势反弹，迎来山重水复后的高光时刻。此时，我们不禁要扪心自问，在无常的市场变化面前，是否真的能够找到有常的规律？投资仅仅是为了追求回报吗？资本运转背后的本源大道究竟是什么？

一、寻觅"隐数据"

尽管市面上关于绿色投资的著述不计其数，但是关于绿色投资项目范畴的边界判定依然显得含混不清。一些官方的绿色投资指引在界定绿色投资范围时大致会做出这样的描述："绿色投资应围绕环保、低碳、循环利用，包括但不限于提高能效、降低排放、清洁与可再生能源、环境保护及修复治理、循环经济等。"

看似明确的官方定义和完善的绿色评价体系并不能保证执行层面的白璧无瑕。投资方在聚焦那些有助于改善生态环境和创造投资回报的项目时，是否充分考虑到了自然因素和人类因素叠加可能引发的社会连锁反应？为绿色项目设定的安全、环境、质量、诚信等方面的具体条件是否能够成为颠扑不破的行业标准？投资项目是否能够产生正面的社会效应，为人类命运共同体增进福祉？投资方是否已经具备在浩瀚的宇宙空间唤醒大量的沉默数据并进行运算的能力？

数据是对客观事实的测量和记录，但是有些客观事实是看不见、摸不着的。患生于所忽、祸起于细微，如果一个投资模型不能涵盖最全面的数据，一个极小的瑕斑也可能导致最终资产配比的偏差。在这个意义上，任何数据的计量，都应当将整个宇宙的所有变量计算进去，因为宇宙是由星系组成的，星系由许多行星、气体、尘埃和黑洞组成，行星中有海洋和陆地，海洋和陆地中有生物，生物中有器官和细胞，彼此之间相互依赖。

投资领域的"隐数据"并不是指常见的市盈率、市净率等财务数据，也不是那种已经被行业充分了解、广泛交易，甚至可以在短时间内被准确定价的数据，而是那些需要借助 AI 技术和非线性算法进行抓取的非结构化数据。

北齐的杜弼在《檄梁文》中讲到一个典故："但恐楚国亡猿，祸延林木，城门失火，殃及池鱼。"楚国国君丢了猿猴，楚国的人去树林里抓猴子，却因此毁坏了林木。城门着了火，人们用护城河的水救火，水用完了，鱼受牵连而死。

我们无法假定抓猴子需要多长时间，也许猴子就在原地，得来全不费工夫，我们也无法假定人类失火一定要取水灭火，因为或许会天降暴雨。任何事物在发展过程中都有规律可循，但也存在难以预测的"变数"，这些"变数"可能会产生巨大的连锁反应。那么，人类应当如何探求事物背后千丝万缕的联系，并做到精准的场景预设与数据采集呢？

先来看看"蝴蝶效应"的威力吧。

一只南美洲亚马孙河流域热带雨林中的蝴蝶，偶尔扇动几下翅膀，可能在两周后会引发美国得克萨斯州的一场龙卷风。

蝴蝶翅膀的运动代表着系统初始状态的微小变化，但它引发了一系列事件，从而改变了大气温度，最终改变了世界另一端的龙卷风路径。龙卷风又会带来什么影响呢？海上航运与国际贸易，道琼斯工业平均指数与纳斯达克综合指数，以及股市暴涨暴跌……这之间的因果关系如何提前获知，并用数据精确地表达？

大数据计算已经成为影响世界经济发展的关键变量。在耀眼的数据之下，我们欣狂不已，被已然到来的胜利遮蔽了双眸。由于全球每年几百万吨的塑料垃圾流入大海，并物理分解为微塑料后，会通过食物等途径进入胎儿体内，于是人类想到了使用可生物降解塑料替换传统塑料，这样每年可以节约全球 4% 的化石燃料和 2.3% 的碳排放。那么以生产可生物降解塑料为主营业务的企业是否可以归类到绿色项目范畴呢？答案似乎是显而易见的。

虽然可生物降解塑料由玉米、甘蔗、大豆和废油脂等原料制成，废弃后能够被微生物分解为水、二氧化碳和生物质，重新回归自然界。但是我们忽略了另外一个事实：如果可生物降解塑料没有得到有效回收和降解，而进入垃圾填埋场，它们在无氧环境下就会分解出大量温室气体——甲烷。作为全球第二大温室气体，甲烷的增温效应是同等质量的二氧化碳的80倍以上。

更为惊异的是，如果将一次性塑料制品全部替换为可降解塑料，将会消耗全球一半以上的玉米产量，而人们往往只会计算塑料替代带来的碳减排数量，很少会考虑作为全球最主要粮食作物的玉米产量减少对人类社会的影响。粮食锐减将会引发饲料价格增长、贫困饥饿、社会紊乱……

在投资城市基础设施项目时，投资方自信满满地认为资本可以加速当地经济社会发展的进程，实际上并没有将投资可能牵扯到的多维数据尽揽毂中。比如人口流动、车况物流、商品销售、市场价格等一些非线性现象背后的数据表现，项目施工过程中机械设备、道路交通产生的噪声污染对周边居民带来的负外部性影响等。

基础数据始于对真实世界的把握，但是世界的本相是否可在现有条件下被精准度量？我们在谈到中国历史上有多少个皇帝以及对他们的历史评价时，获得的一手基础信息实际上来自《二十四史》，某种程度上依赖于司马迁、班固、陈寿等历朝史官对真实史料掌握的多寡。

秦始皇与汉武帝的记述是否真如史书所载，一个封禅求仙，一个刻薄少恩？"烛影斧声"与"靖康之耻"的记录是否对当初的真相进行了深描或浅描？还有多少尚未发掘或束之高阁、隔绝尘世的孤本史册？看看竹书纪年、清华简和敦煌文献……或许可以说，历史的真相只有部分存在于公开的典籍中，部分封藏于高天厚土中，剩下的再也杳难寻踪了。

在 ESG 投资中，尽管投资方通过融资方信息披露和第三方信息采集，掌握了大量数据，但在璀璨炫目的显性数据背后还是会有许多潜藏的"隐形数据"，即便是在最先进的大数据计算框架内，它们也很难尽显真容。[1] 但是，这些"看不见的数据"往往能够从一个更加长期的维度上决定着人类社会的低碳之路能走多远。

破局不仅需要投资理念的迭新升级，更需要投资行业持之不懈加强"算力建设"的坚毅与勇气。投资方与融资方需要穿越数据的"莽丛荆棘"，找寻遁身其间的"茎芽枝叶"，运用包括数据仓库技术、人工智能、神经网络在内的多元工具，将各式各样的数据串接成"知识图谱"，并对图谱中各个网络节点之间的关联性进行充分研判，从大量的"数据矿山"中提取与业务关联性更高、价值更大的"信息金块"。

二、做功与熵减

热量总是从高温物体传向低温物体，或者从物体的高温部分传向低温部分。这种热传递现象在 1850 年被德国物理学家克劳修斯总结为热力学第二定律：热量不可能自发地、不花任何代价地从低温物体传向高温物体。

---

[1] 余秋雨在《周易简释》中说，占卜很像现代的概率论和大数据，在没有逻辑的一大堆行为因果的组合中，出现了大逻辑，发现了一些出乎意料的神奇秘密。原因还没有找到，理由还没有呈现，事实却神秘地重复了。

这种代价其实是外部力量做功的成本。寒冷的冬季，塑料大棚内栽培的植物之所以能够青枝绿叶、开花结果，是因为外力给予了它们生长所需的适宜温度，空调和冰箱在制冷过程中也是因为消耗了电能，热量才会从电器内部传到外部。试想一下，如果没有外力做功，又会是怎样的情形呢？

1865年，克劳修斯在《力学的热理论的主要方程之便于应用的形式》这篇论文中引入了熵的概念，并将热力学第二定律表达为熵定律：在孤立系统内，任何变化都不可能导致熵的总量减少。

熵是度量事物混乱度、衰竭度和迁移度的宏观指标。熵定律能够解释在没有外力做功也就是自然状态下孤立系统呈现的发展方向：能量总是会从聚集有序的高能级状态，自发转变为无序发散的低能级状态，也就是向着熵增大的方向变化。

"每时每刻，山岳都在被磨损，地表在被侵蚀。这就是我们为什么会最终发现即使是可以再生的能源从长远看也是不能再生的。世界上的生物生老病死，繁殖后代，使地球的熵值不断增加，这就意味着未来生命能享有的物质将日益减少。"[①] 这是20世纪80年代杰里米·里夫金和特德·霍华德在《熵：一种新的世界观》一书中提出的观点。尽管这种论断似乎带有悲观色彩，但是熵增趋势确实让天文学家们不无感慨，它预示着宇宙将随着熵值的增大，不可逆地踏上寂灭之路。

既然自然万物在从有序趋向无序的过程中不断增加熵值，那么，生命为了使自己维持在一个稳定而低的熵水平上，就需要不断地从外

---

①里夫金，霍华德. 熵：一种新的世界观[M]. 吕明，袁舟，译. 上海：上海译文出版社，1987.

界吸收负熵，抵消生存中产生的正熵。如果说熵增代表"趋于混乱无序"，那么熵减就代表"趋于清晰有序"。人类在与熵斗争的过程中，不断地运用各式各样的工具寻求熵减机制，使熵朝着有利于人类生存和发展的方向变化。由于熵增的条件有两个，即封闭系统和无外力做功，因此，只要打破这两个条件，就有可能实现熵减，也就是开放系统和外力做功。

以地球上的生态系统为例，这是一个典型的开放系统。为了维持熵平衡或熵减，这个系统还需要外力做功。当太阳这个外力源源不断地向地球输送能量，使地球上发生大气流动、水循环和光合作用时，植物将太阳能转变为化学能，储存在有机物中，并进入生物循环，维持着这个开放系统的能量流动与物质循环。

实际上，社会与生物圈的新陈代谢具有某种内在的一致性，斯宾塞在自己的第一部学术著作中就表达了对社会与有机体存在相似之处的思考萌芽："的确，有一种机能，或者毋宁说是一组机能，对于其缺陷，如国家尽其所能，是可以方便地予以弥补的——也就是说，社会靠这种机能才可能存在。"① 后来，他在《第一原理》和《社会学原理》两本书中都曾经明确而系统地阐述过社会有机体理论，认为社会如同生物一样是一个有机体，社会的分工类似于动物有机体各个器官的分工，正是由于动物的各种器官的机能是均衡的，才使其机体处于一种稳定的均衡状态。

虽然这种观点具有浓厚的社会达尔文主义色彩，简单地将生物进化套用于人类社会，但这并不妨碍我们将其与东方"天人合一"观进

①斯宾塞. 社会静力学[M]. 张雄武，译. 北京：商务印书馆，1996.

行比照。斯宾塞认为生物有机体的部分是为整体而存在，但是社会有机体的整体是为了部分而存在，虽然他在一定程度上注意到生物有机体和社会有机体内部的均衡和谐，但是并没有关注到社会有机体与自然的整体和谐关系，因为社会系统不是孤悬于自然之外的物自体，而是一个必须不断地与外界进行物质、能量和信息交换的动态的开放系统。

熵总是处在增和减的不断变动中。对于一个活的有机体来说，正熵导致衰退和死亡，负熵推动发展和进化。在某个特定的时期，两类熵的增加和减少中，占据主导地位的倾向便决定了它的演变趋势。因此，人类可以在实践中发挥主观能动性，把握熵的辩证本性，通过外力做功驾驭熵变规律，从环境里不断汲取负熵去控制正熵，实现系统的有序进化。

数字基础设施、数据中心和高科技设备的快速扩张可以导致能源消耗和更高的碳排放量，并给有限的自然资源带来压力。[1]这是一个颇具吊诡意味的话题，我们希望制造不断升级的数字设备来提供负熵，但是电子产品的处理和回收又成为熵值增加的一个原因。空调制冷可以保护我们免受炎热气温的灼烤，但急速增长的空调用电又在助长全球变暖，我们正在享受空调送出的凉风，却又将世界送入一个更暖的未来。

以上分析也可以应用于对投资行为的解读。投资项目运行过程中的资本流转可以比附为生物的新陈代谢过程，资本需要经过各种环节的流动，最终渗入项目中，产生供经济社会运转的营养，这类似于食

①Aleksy Kwilinski, Oleksii Lyulyov, Tetyana Pimonenko. Unlocking sustainable value through digital transformation: An examination of ESG[J]. Performance Information, 2023（14）：2–18.

物在生物体内的消化吸收过程，生物从外界环境摄入低熵食物，通过一系列化学反应变成了自身的营养物质。投资行业在推进货币转化为资本的过程中，为社会有机体引进新陈代谢的源头活水，通过物质、能量和信息的交换，消除社会机体沉积已久的正熵，社会也因"吃进"负熵维持并焕发崭新的容颜。

从根本上而言，投资的能量注入是为了促进社会形成一种稳定的有序结构。特别是当社会系统部分要素之间的协调发生障碍时、某个区域或某个项目因为资金匮乏而难以启动或运转时，局部系统在功能上就会表现出有序性减弱、无序性增强的特点。投资就是要循着产业的命脉，通过资本做功，赋能社会系统要素以及社会与环境之间的帕累托最优。

投资方在推动资本履行使命的过程中，应当将"天人合一"的理念熔铸其间，以"万物一体"的视角赋能融资方变革组织文化、运营管理和技术迭代，通过做功耗散组织冗余负能量，在熵减中激发组织活力，形成新的共识与秩序。

三、绿色负熵流

进化论指出，自然选择在世界上时时刻刻都在仔细检查着生物那些最细微的变异，将坏的及时清理干净排除，将好的保存下来进行积累，不管是在什么时候，也不管是在哪些地方，只要有一点点机会，它就会悄悄地、非常缓慢地进行着工作，将各种生物与有机的还有无机的生活条件的关系进行一个改进。① 这说明地球系统中生命的起源和物种的进化是由低级到高级、从无序到有序的过程。由大气圈、水圈、土圈和生物圈构成的地球系统在与外界进行能量交换的过程中，获得了负熵。

当你徜徉在微风细雨后的田园小径，空气里迷蒙而湿润的清甜渗进了味蕾，无数的负氧离子争先恐后地涌进了你开合的肺叶。天边夕阳的余晖穿过密林的缝隙，布谷鸟在枝头鸣唱。无论是在骏马秋风的冀北、杏花疏影的江南，还是在北美深邃神秘的蓝岭山脉、欧洲浪漫瑰丽的爱琴海，充满朝气与活力的能量笼罩着与天地合一的你，那是自然之绿、生命之绿在心头的跃动。

而此时，一位颈椎曲向变直的病人正痛不欲生，长期伏案劳作引发的骨质增生在大椎穴上隆起了一个大大的"富贵包"，无时无刻不在压迫着椎动脉。高负荷压力对人体日复一日的输入导致身体局部组织损伤，生命健康的整体熵值明显拉高。肩颈疼痛、大脑眩晕、心慌胸闷、每况愈下的羸弱……

于是，各类药材配伍形成的中药包开始在加热后做功，药物与热力融汇的负熵流源源不断地注入机体。毫针刺腧穴，激发经气；阳火燃艾绒，补益阳气。随着三棱针迅速刺入肩颈的浮络，几个玻璃大罐快速扣覆在身体上，很快将紫黑的淤血拔了出来，原本堵塞的经脉在熵减中逐渐变得通畅。重新焕发活力的身体，仿佛听到了负熵流在轻声吟唱着《灸梦令》。

---

① 达尔文. 物种起源[M]. 文舒，译. 北京：中国华侨出版社，2017.

问君往何处

清香散百毒

一片纯阳热

蹚过冰雪途

谁惹风邪妒

恐将终身误

寒入骨，听你倾诉

多少冷痛，又该怎么宽恕

明火生烟，循经识归路

气走八脉，煎心护荒芜

沉淀正气，用艾来救赎

道阻且长，我温你如初

关元、气海、足三里

九窍百节疏淤堵

天枢、神阙、三阴交

千络贯通，行过周天图

明火生烟，循经识归路

气走八脉，煎心护荒芜

沉淀正气，用艾来救赎

道阻且长，我温你如初

负熵流的引入是预防和治疗各种病症的关键。人身如此，资本亦同。

"当资本来到人间，它的每一个毛孔都充斥着肮脏的血。"[1] 马克思关于资本原初病症的论述鞭辟入里。在对资本主义起源进行反思的基础上，他深恶痛疾地批判资本在贪婪追逐丰厚利润时对人类的经济掠夺，"因为土地所有权本来就包含土地所有者剥削地球的躯体、内脏、空气，从而剥削生命的维持和发展的权利。"[2] 在他看来，资本主义生产方法在本质上不能超过一定的限度来进行各种合理改良，资本的灵魂和生命力就在于不断突破各种精神和物质的界限而实现自己的持续增值。

循着资本发展史回溯，高效率的市场经济在取代低效率的自然经济和管制经济的同时，极大地解放了生产力。人类在享受空前物质盛况的同时，又不得面对资本给生存环境带来的前所未有的矛盾和灾难。如果不能从痛处着眼、细处探微、实处发力，跳出投资"小宇宙"的框架，人类就无法克服熵增的趋势，也就不可能让投资在真正意义上成为实现环境、社会和公司治理三维一体的重要信使和媒介。

生命系统的高度有序离不开外界负熵流的输入，这是从能量交换的角度来考察外界事物对于系统有序化程度的影响情况。ESG投资就是要聚焦绿色环保低碳项目，通过投资做功，将资本能量赋予融资

---

①马克思. 资本论（第3卷）[M]. 中共中央马克思恩格斯列宁斯大林著作编译局，译. 北京：人民出版社，2004.

②马克思. 资本论（第3卷）[M]. 中共中央马克思恩格斯列宁斯大林著作编译局，译. 北京：人民出版社，2004.

方，为不同行业输入绿色负熵流，推动清洁能源生产、技术体系升级和就业增长。这不仅是一种将环境和社会问题纳入投资决策的价值理念，更是通过绿色投资实践的多维引流，实现资本势能的高效循环使用，在对资本逐利本性进行规训的基础上实现熵减。

当系统与外界进行物质交换与信息交换时，物质或信息的某些特性可以降低系统有序化能量的流失速度，一定程度上起着替代、补偿、加强和扩展有序化能量的作用。物质或信息的这些特性必然需要消耗一定的能量才能得以形成、运行、维持和变化，由此所消耗的能量就是间接的有序化能量。虽然资本不能完全替代物质和信息，但是负载在资本上的势能可以撬动一系列的人流、物流和信息流。

随着资本的不断输入，一轮又一轮的生产力运动持续提升着绿色项目的有序程度，延展着经济社会发展的深度与广度。在这个意义上，ESG理念滋养之下的绿色投资可以视作一种负熵能量的注入，它以绿色项目为基点，帮助人类进行跨时间和跨地区的价值交换，最终体现为省能节料的清洁生产和生产防污的有机统一。

宇宙是由相互渗透的能量场所构成的，而每个人的能量场都跟大宇宙的能量场息息相关。[①]气候变化、股票市场、星体运行、生物进化、战争局势……当我们从"天人合一"的视角将这些现象与资本力量放置在一起进行审视时，我们正面对着一个由众多函数和参数组成的超大型函数指令集，当投资方内心认同的函数指令集按照环境、社会和公司治理三层维度运行，恰好能够与融资方的函数指令集动态重合时，关于投资的共识就会形成，这种共识对资本做功，资本再对项

---

①阿若优：生命四元素：占星与心理学[M]. 胡因梦，译. 昆明：云南人民出版社.

目做功，人类共识的力量也就与资本、项目、自然紧紧地融合在了一起。

任何一个企业，只有不断地对外开放，引入人才、技术和先进理念等充满活力的负熵流，才能延缓企业因为自发性熵增造成的衰退。对于投资方来说，在利用大数据技术获取自身和融资方不断迭新的 ESG 指标数据的基础上，将资金导入绿色低碳领域，才能创造更持续、更平衡、更包容的投资回报。对于融资方来说，必须克服股权结构单一、激励机制匮乏、产品质量缺陷、污染治理滞后、社会责任不足等熵增现象，让 ESG 投资理念成为沟通投资方与融资方熵减的"道法术器"，也即"投资方熵减←ESG 投资→融资方熵减"。

由此观之，ESG 实际上也是一种致力于追求熵减的投资理念。它在传统财务指标的基础上，将环境、社会、公司治理三要素融入投资全生命周期，是实现"投"与"被投"共同熵减的过程，是投资理念、投资方式和价值创造的联动过程，不仅能够筛选出表现为熵减的融资方，也能够产生绿色负熵流，推动环境改良，反哺投资方形象。

在这个意义上，以践行社会责任投资为己任的 ESG 投资理念与西方近年来兴起的社会影响力投资理念在根本上是可以有机融通的。[①] 社会影响力投资旨在通过资本引导，用商业化的逻辑创造社会效益，补充公共服务、协同社会治理。将社会影响力投资理念融入 ESG 投资理念，可以有效规避 ESG 投资"财务优先"的框架，将追求财务回报与创造环境价值等量齐观，在引进绿色负熵流与创造投资回报的互动实

---

①ESG投资与绿色投资、责任投资、伦理投资、社会影响力投资本质上都具有内在一致性，只是在追求财务与社会效益双重回报中主次轻重排序略有不同。笔者以为不必太过拘泥于分类，而是要大处着眼，究其实质，达成共识价值。

践中达成平衡，为投资行业在清洁能源、废物处理、水污染治理、生物多样性保护、气候变化缓解等领域破困局、开新局。

四、超越资本逻辑

当资本的魅影无孔不入地闪现在人类社会，并以跑马圈地、攻城略池的势能开掘利益时，各种趁乱打劫、火中取栗的事件不断上演。"举债圈钱"和"野蛮生长"带来的一系列资本乱象，引发了社会资源的巨大浪费，金融风险累积、公平正义缺失……

人类已经难得从繁杂的工作中抽闲片刻，做一点安静的冥想了。倏然浮上心头的不再是"人闲桂花落，夜静春山空"的禅境，而是"功名万里忙如燕，斯文一脉微如线"的劳碌。工业革命以前，人类在葱郁的大自然里高卧闲窗、听风吹雨，从未想到过有一天生态环保会成为关系家国命运与千秋万代的大事。山河哀泣、大地悲歌的自然呻吟正在迫使着我们重新审视鬼斧神工的资本，二三百年来投资行业在创造世界繁荣的同时也披上了"野蛮人"的外衣。

在马克思主义政治经济学视域中，资本是生产要素和社会关系的统一。如果说货币、生产资料和生活资料构成的生产要素是资本的外在表现形式，那么社会关系就是资本的内在本质。"资本不是一种物，而是一种以物为媒介的人和人之间的社会关系。"[1] 也就是说，资本只有在纳入社会关系中才能实现自身增殖。

购买原料和机器投入生产的过程实际上也是货币转化为资本的过

---

[1]马克思. 资本论（第1卷）[M]. 中共中央马克思恩格斯列宁斯大林著作编译局，译. 北京：人民出版社，2004.

程。在这一过程中，追求效率优先和利润最大化目标的资本逻辑成为推动经济社会发展的深层动力。这是一种不断增殖自身的逻辑，通过对人和自然在内的生产要素的支配和使用，掌控了一切生产资料的源泉。

人们对资本增殖的狂热追逐可能会导致自身认知系统和评价系统产生拜物意识的财富幻象，将本应视作人类社会发展"助推器"的资本装扮成权力的"马前卒"，通过意念和想象建构有关资本的意向性存在。

资本逻辑及其所选择的工业文明发展模式，把自然视作独立于人类社会的客体。在追逐短期利润的过程中，忽视了自然系统自我平衡的速率。这种源于近代哲学二元论的机械自然观以人类征服自然、统治自然为价值取向，割裂了人与自然的有机联系。

二元论起源于古希腊哲学家柏拉图的"二元世界观"，又被古罗马思想家奥古斯丁吸收进基督教，后来在笛卡尔的哲学框架中进一步发展，并作为"共识"留存了下来。在二元论框架中，意识和物质是两种绝对不同的实体，这种认知将会导致物质因素和精神因素的疏离，以及人与自然的对立。

这种二元对立思维意味着人可以通过资本对文明、人性、制度和科技进行多维渗透进而打破人与自然的平衡，当自然界的"可用之物"被价值化为少数人的财富时，生态环境的有限承载空间遭受加速挤压，生产造成的"负外部性"由社会全体承担，最终在资本逻辑与"人类中心主义价值观"的合谋下引发各类生态灾难事件。

"在各个资本家都是为了直接的利润而从事生产和交换的地方，他们首先考虑的只能是最近的最直接的结果……西班牙的种植场主曾在古巴焚烧山坡上的森林，以为木灰作为肥料足够最能赢利的咖啡树施用一个世代之久，至于后来热带的倾盆大雨竟冲毁毫无保护的沃土而只留下赤裸裸的岩石，这同他们又有什么相干呢？"[①] 尽管距恩格斯笔下的 19 世纪美洲森林损毁场景已经过去近两个世纪，但是资本逻辑的"短期唯利"在催生当代经济社会加速度前进的同时，造成的生态创伤也在新国际政治经济秩序中愈演愈烈。

基于此，我们有必要站在世界变局的历史航程中审视中国这艘巨舰的方位与出路，通过挖掘资本逻辑的理性因素，规范约束资本的无序扩张，在百年未有之大变局中孕育资本的生态责任，消弭其对生态环境的负面影响。

尽管国内外各大金融机构的 ESG 投资实践展现了资本对环境和社会的强大塑造力，但是如何打破西方由来已久的二元论以及资本逻辑本身的加速冲动，让资本在秉承 ESG 投资理念的基础上担当起实现"天人合一"的引擎作用，已然成为投资行业面临的一道大考。

对资本的规训并不是盲目排斥经济发展，而是召唤投资行业走出"人类中心主义"的窠臼，最大限度追求生态与经济的统一平衡。撇开环境保护只谈资本扩张是竭泽而渔，但是离开资本逻辑支撑来谈生态文明也只会是缘木求鱼。唯有超越二元论哲学理念下的资本逻辑，呼唤一种符合全人类共同价值观的自然逻辑与人本逻辑，方能让资本增殖的核心速度与生态系统的再生产速度保持同步。

资本逻辑是由资本自身质的规定性决定的。超越资本逻辑就是要避免投资在带动生产力增长的同时，助长破坏力的飙升。对资本的规

[①]恩格斯. 自然辩证法[M]. 中共中央马克思恩格斯列宁斯大林著作编译局，译. 北京：人民出版社，2015.

训实际上就是对资本逻辑主导的经济发展模式的重新塑造，建立以生态为轴心的社会生产方式，在有效利用资本要素推动科技创新和经济发展的同时，又能对资本疯狂扩张带来的生态危机进行制约，保证资本在自然、社会、人这一复合生态系统中发挥良性功效。

秉承"天人合一"理念的ESG投资或许可以为投资行业与宏观社会、微观个体之间架构起一座超越资本逻辑的桥梁。绿色投资在带动土地、劳动力、技术、数据等各类生产要素集聚配置的过程中，不仅要推动清洁能源技术创新，减缓自然资源消耗速度，更应当形成一种兼具包容性、均衡性和可持续性的全球化解决方案，在规训资本的过程中构建制度正义、生态正义。

马克思指出："自然界，就它自身不是人的身体而言，是人的无机的身体。人靠自然界生活，这就是说，自然界是人为了不致死亡而必须与之处于持续不断的交互作用过程的、人的身体。所谓人的肉体生活和精神生活同自然界相联系，不外是说自然界同自身相联系，因为人是自然界的一部分。"[1] 一言以蔽之，自然界与人是一个整体，资本既是为人服务的，也是为自然服务的。ESG投资理念包含了对资本逐利与生态保护内在矛盾性的明晰认识，在推进社会生产过程中，通过有效地引导资本朝着生态友好的方向运动，能够保持资本逻辑与生态逻辑的合理张力，构建起全民保护生态环境的利益共同体。

---

①马克思. 1844年经济学哲学手稿[M]. 中共中央马克思恩格斯列宁斯大林著作编译局，译. 北京：人民出版社，2000.

第三章　宇宙、物候与投资决策

　　每一个孩子心中都有过"宇宙之问"。当他们第一次用童真的眼神打量着世界，感受着日月交替周而复始的运转时，本能而发一种对宇宙本相的探究之意，浩瀚无垠的星斗河汉究竟来自哪里，宇宙的边界又将延伸到何方？这种源自人类幼年时期澄澈之心的叩问，将我们的思绪引向每一个在时光大地中诞生的生命，他们将自己的一颦一笑、一举手一投足与天地自然水乳交融、浑然一体。在更为宏观的维度上或许可以这样说：人是自然的产物，人的行为也是自然的组成部分。

　　美国精神病学专家阿诺德·利伯尔对宇宙与人体关系做过这样的描述："人体大约 80% 是液体，月球的引力能像引起潮汐那样与人体中的液体发生作用，引起生物潮，月球对地球的引力可导致地轴位置发生微小的改变，从而使地球的磁场改变作用于人体的器官和组织细胞，致使人体的生理功能和人的情绪发生某些变化。"

　　天体运行造成了春温、夏热、秋凉、冬寒，这些看似外在于人类行动的因素总在有形或无形中影响着人类，并从整体上关联着人体的生理、病理活动。人类行动结果与行动原因之间的复杂联系并非一个机械化的线性函数可以表达，西方经济学往往在各种假定的背景条件下研究经济行为，因此各种经济变量之间的相互关系往往受到特定语境的制约，得出的结论也因过于理想化而与实际情况相去甚远。

比如微观经济学关于购买打折商品的研究，往往会在供求数量与商品价格之间建立一个线性函数，但在实际生活中，价格机制的调控作用只是表象，购买打折商品的背后也许还有更深层次的因由，比如从众心理、消费欲望、节俭精神或仅是一种冒险尝试，还有可能只是因为打折商品的吆喝声吸引了注意力。

正缘于此，我们有必要带着"投资助力生态文明"的愿景回到自然中求解，找寻更加合理有效的经世良方。

一、疫疠的启示

当下，人类越来越习惯于将自己看成是万物的灵长，能思考、能说话、能行走、能参与社交……这些区别于动植物的显著标志让我们常常将自身以外的事物都看成是自然的有机组成部分，自然就是一个由天地、山川、草木、虫鱼、鸟兽构成的环境学意义上的概念。因此，我们所感受到的自然常常与自然界、自然灾害这些词汇划上等号，自然也用风暴、雪崩、海啸、台风、洪涝、瘟疫向我们证明它的存在。

2020年初突如其来的新冠疫情与世界的大碰撞让许许多多个家庭深陷危机，经济冰封、物资告急、失业飙升、恐慌弥漫……

揆诸人类社会发展史，洪荒、饥馑、瘟疫一直都如影相随，但是没有哪一场灾疫的波及面能够如此深广，带给人类如此锥心穿骨的惨痛。可爱的孩子、年轻的壮汉、白发苍颜的老者……山海相望的生命哀鸿在同一片天穹下逝去，镌刻下人类史册中永存不灭的墓志铭。

一场场病毒歼灭战在全球各地紧锣密鼓地推进！当西方的医药未能有效阻挡病毒涉洋过海、冲州撞府的步伐时，中医药登上了历史的舞台。

在前面关于环境污染与情绪污染的论述中，我们已经提到了中医学看待问题的观念。中医学将"天人合一"奉为圭臬，追求心身与气血"天人相和"的状态，提倡从整体、全局观念去看待疾病本身，不仅从证候表象分析病机，还充分聚焦病毒侵袭人体时，人体的内环境及功能所发生的全部变化。

新冠感染者大体具有比较相似的症状：发热、咳嗽、乏力、周身酸痛、恶心不食……这些症状既有表证又有里证，与明代温病学专家吴又可在《瘟疫论》中谈到的疫邪多表里分传的特点不谋而合。《瘟疫论》开篇这样说道："疫者感天地之疠气，在岁有多寡，在方隅有厚薄，在四时有盛衰。此气之来，无论老少强弱，触之者即病。"[1] 意思是，瘟疫是天地之间的一种疠气，不同流年发生的概率不同，不同地域发生时的轻重程度不同，一年四季的旺盛衰败也不同。这种疠气一旦来了，无论老人小孩、强壮羸弱，只要接触到都会生病。

吴氏在自序中提出了瘟疫发生的原因是"非风、非寒、非暑、非湿，乃天地间别有一种异气所感"。前文已经谈到风寒暑湿皆属于"六淫"，但是这种疠气或者异气并非外感病邪，而是由久旱、酷热、

---

[1] 吴又可. 瘟疫论[M]. 北京：中国医药科技出版社，2019.

洪涝、湿雾瘴气、空气污染等滋生的一种类似病原微生物的传染之风，能够引发多种急性传染性疾病。

清代医家戴天章对《瘟疫论》一书进行了注释增订，补充了对气色脉舌神的辨证。在辨神方面，受风寒之人往往神志清醒，而感染瘟疫的人往往神情异常。"缘风寒为天地正气，人气与之乖忤而后成邪，故其气不昏人神情也，……缘瘟疫为天地邪气，中人人病，中物物伤，故其气专昏人神情也。"[①]

瘟疫里最常见的症状是温病。《伤寒论》在谈到伤寒与温病起因时说，"中而即病者，名曰伤寒。不即病者，寒毒藏于肌肤，至春变为温病。"[②]意思是，人一旦受寒，立即发病的就是伤寒。如果没有立刻发病，寒毒藏在人体肌肉皮肤之间，到了春天发病的就是温病。

在肯定吴氏温病学贡献的同时，我们更应该站在宇宙、物候与人类社会互动的框架中反思疫疠产生的根本原因。法国古生物学家皮埃尔·德日进说："谁不能预见人所处的宇宙因其总体具有坚不可摧的完整性而形成系统、整体和量子，他便无法理解意识的历史及其在世界上的地位。因其数量众多而形成系统，因其统一性而形成整体，因其能量而形成量子。而这一切都是在没有界限的轮廓里形成的。"[③]诚如斯言，一切生物的生存都离不开人、动植物、水、空气和土壤组成的生物圈。气温、气压、湿度、风速、降水、日照和雾等自然物候的变化不仅与生物的生、长、化、收、藏紧密相关，还会影响到为病原体提供营养的中间宿主，甚至诱发新的疫病。

---

①戴天章. 广瘟疫论[M]. 北京：人民卫生出版社，1992.
②张仲景. 伤寒论[M]. 长春：吉林出版集团有限责任公司，2011.
③德日进. 人的现象[M]. 范一，译. 南京：译林出版社，2014.

疫疬与环境污染、人体健康极为细致而精确的关联充分说明了人与自然万物的同根同源。早在 19 世纪，恩格斯已经深刻揭示人与自然的关系："我们每走一步都要记住：我们决不像征服者统治异族人那样支配自然界，决不像站在自然界之外的人似的去支配自然界——相反，我们连同我们的肉、血和头脑都是属于自然界和存在于自然界之中的。"① 人类健康出现的状况不能仅仅用现代西医检查指标来进行度量，而是要参照自然物候现象，特别是人体系统的节律是否与自然系统的运转步伐保持协调一致。

《黄帝内经》在谈到自然物候与人体生理、病理以及临床康复的关系时认为，人的保健和康复必须顺应自然，这些因素的关联往往以时令物候的独特形式联系起来。《素问·四气调神大论》中提到："阴阳四时者，万物之终始也，死生之本也，逆之则灾害生，从之则苛疾不起。"四季的阴阳变化是万物终结与开始的规律呈现，是生与死的根本，违背了这种自然规律，就会对人体产生灾害，顺应了这种自然规律，就不会染上重病了。《素问·咳论》中又说道："五脏各以其时受病，非其时各传以与之。"人体的五脏分别是在其气当令的时候受邪而发病，若非其气当令的时候发病，那么该脏的病邪就是由其他脏传变而来的。

这意味着人体脏腑经络具有与物候现象类似的生物特性，人体疾病的发生会受到周期性的气候变化的影响，从而引起体内脏腑功能的节律性强弱变化，因此，自然界的生命都应当遵循物候规律而行动。

疫疬背后的成因或许能够给予人类这样的启示：由于自然大气候

---

① 恩格斯. 自然辩证法[M]. 中共中央马克思恩格斯列宁斯大林著作编译局，译. 北京：人民出版社，2015.

与人类周边小气候的变化会对人体造成一定的影响，因此人类更应该采取行之有效的生态环保行动与天地相应，最大限度地消弭或减缓瘟疫的生成动因，朝着与日月合其明、与四时合其序、与天地合其德的方向进发。这是我们理解人体与自然关系的逻辑起点，也是我们进一步展开思考与决策的哲学源头。

在总结自然物候发展规律与身心表现的基础上，人类深深感受着从"宇宙—自然—人"动态体系中抽象而出的整体关联框架，它是天地间万事万物应当效法或遵循的"道"，是世界有条不紊运行的根本指南。

疫疠引发的深度思考远不止这些，还有诸如宇宙、物候与人体健康的相互影响是如何传导到投资决策的，投资行业又该如何发挥ESG投资的最大功效来促进系统的整体和谐等。本书第一章提到了恶劣都市环境酿成的霍乱，实际上，关于霍乱成因的研究成果不仅引发了欧洲在供水和排污方面的思想革命，也为城市现代基础设施建设带去了大量投资。

二、"小宇宙"连"大宇宙"

今天，当我们站在一个历史拐点上去观照如火如荼的生态环保行动如潮水一般从身边掠过并响及全球时，依然不可忽视当代语言体系中"改造自然""挑战自然""征服自然"等语汇仍在大行其道。人类为了利用和攫取自然资源，正在将铺天盖地的各类化工残留物漫灌进大地的胸膛。

我们不能忘记20世纪60年代美国海洋生物学家蕾切尔·卡逊在

《寂静的春天》一书中的大义微言："由于化学控制在设计与执行的时候都没有充分考虑复杂的生物系统，化学控制方法就已经被盲目地投入对生物系统的战斗中。人们能够对使用化学物质测试个别种类昆虫的后果进行预测，却没有办法预知化学物质袭击所有生物的后果。"①当污染的侵蚀导致人类对身边发生的灾难越来越麻木时，与生俱来的本能敏感性正在日益减弱。

《素问·四气调神大论》中有这样一段话："天气，清净光明者也，藏德不止，故不下也。天明则日月不明，邪害空窍，阳气者闭塞，地气者冒明，云雾不精，则上应白露不下。交通不表，万物命故不施，不施则名木多死。恶气不发，风雨不节，白露不下，则菀槁不荣。贼风数至，暴雨数起，天地四时不相保，与道相失，则未央绝灭。唯圣人从之，故身无奇病，万物不失，生气不竭。"

这段话中提到，贼风频频而至，暴雨不时而作，天地四时的变化失去了秩序，违背了正常的规律，万物在生长途中便全都夭折了。最后一句"万物不失，生气不竭"是在告诉我们，如果自然万物都不失其规律，那么它的生命之气是不会衰竭的。

或许可以这样说，正是由于天地万物运转规律受到了外界的干预，才会加剧全球自然生态环境的恶化。生命之气的衰竭在一定程度上正是滥觞于"改造自然""挑战自然""征服自然"的理念，人类将自然视为独立于自身的客观存在，本身就偏离了"天人合一"的整体观。那么，我们是否真的理解自然是什么？

老子在《道德经》中这样写道："有物混成，先天地生。寂兮寥

---

① 卡逊. 寂静的春天[M]. 亦谐，译. 北京：民主与建设出版社，2019.

兮，独立而不改，周行而不殆，可以为天地母。吾不知其名，强字之曰道，强为之名曰大。大曰逝，逝曰远，远曰反。故道大，天大，地大，人亦大。域中有四大，而人居其一焉。人法地，地法天，天法道，道法自然。"

最后一句让人眼前瞬间一亮。"人法地"说的是人们按照大地万物生长作息的规则而生活劳作、繁衍生息；"地法天"指的是大地万物的生长繁衍都要依据上天寒暑交替的物候规律来进行；"天法道"的意思应该是上天依据于"道"而运行变化、排列时序。那么，"道法自然"又是什么呢？笔者以为，这应该说的是"道"依据自然之性，顺其自然而成其所以然。

"天人合一"思想将世界万物视作一个由若干局部组成的大整体，每个局部又由若干小局部构成。任何一个局部都包含整体的信息，局部的变化也会影响整体的变化。正是因为整体中有局部，局部中有整体，人与自然和谐交融、参赞化育、共生共息就成为整体观的题中应有之义。

这是从老子《道德经》中得到的启示。作为老庄哲学的另一位代表，庄周认为自然是包容万物的大课堂，自由是逍遥于天地之间的自由。他在《齐物论》中倡导"万物齐一"，认为自然现象、人包括人的意识思维都产生于自然："喜怒哀乐，虑叹变慹，姚佚启态；乐出虚，蒸成菌。日夜相代乎前，而莫知其所萌。已乎，已乎！旦暮得此，其所由以生乎！"他们或欣喜、愤怒、悲哀、欢乐，或忧思、叹惋、反复、恐惧，或轻佻、放纵、张狂、作态；宛如音乐从中空的竹管中发出，又如菌类由地气蒸腾而起。这种种情态心境日夜变换，却不知道它们是怎样发生的。算了吧，算了吧！一旦悟到了造物者，便懂得了诸种心境情态发生的缘由。

庄子通过对思想感情和是非观念的追根寻源，突出了自然至上的主体地位。但是，笔者以为人与自然共同缔结为一个共同体，两者并没有高下之分。一方面，人类生存必须依靠自然提供的资源，另一方面，大自然也需要人类创造灿烂文明增添物理世界的美丽和奇妙。

中医学将人体视作一个小宇宙，将天地看成一个大宇宙，"人体宇宙"和"天地宇宙"构成一个"天人合一"的整体，并对自然界的各种事物现象以及人体的生理病变进行五行属性归类，从而将人体生命活动与自然界的事物或现象联系起来，形成沟通人体内外环境的五行结构系统，用以说明人体自身以及人与自然环境的密切关系。

"有诸内者，必形于外""视其外应，以知其内脏"，中医学通过对病患外在征象的观察来探究内在脏腑的功能活动及病变规律。气候、水土、饮食、居住环境以及生活习惯的差异都与人体脏腑的强弱和发病倾向互为关联，当中药的药性与生命体发生融合时，药物性气功能的生发会对人体平衡进行纠偏，从而达到祛除疾病的效果。

美国生态哲学家霍尔姆斯·罗尔斯顿认为，人的脉管系统包括动脉、静脉、河流、海洋和气流。清除一个垃圾堆与补一颗牙齿都是同一类事情，如果做比喻的话，在新陈代谢上，我自身贯穿整个生态系统，世界就是我的身体。[①] 将自然现象与人体现象进行比照关联并总结提炼一般性结论，实际上是人类在实践活动中形成的直接、亲身的感性认识。

人体虽小却暗合大地结构，《管子·水地》中提到"水者，地之

---

① Holmes Rolson. IS there an ecological ethic? [J]. Ethic, 1975（85）：93–109.

血气，如筋脉之通流者也"，把地上的水与人体的血气相比拟，水是大地的血和气，如筋脉在人体内通流。仔细想想，人体有12条经络、365个穴位，24节脊椎，一年刚好12个月、365天、24个节气，人体与大自然的运转规律在现象学意义上得以吻合。不仅如此，人体经络穴位的命名也多取自地理名词，例如：海（照海、小海）、溪（太溪、后溪）、池（阳池、曲池）、泽（尺泽、少泽）、山（承山、昆仑）、丘（商丘、丘墟）、陵（大陵、下陵）、谷（合谷、然谷），等等。

从历史上来看，古希腊学者在探视自然的过程中注重形式逻辑，并明确地在精神和物质世界之间划了一道界线，希望通过分析和论证获取自然科学知识，通过不断地升级更新工具来拓展人体的功能，走的是物质科技进化道路。而中国古人则将人浸入自然当中，并亲身体验人与自然的神奇的关联性。[1]中国古人的这种经验认知或许是东方文化中极具特色的部分，虽然受到感官限制并在普遍适用性上存在一定的局限性，却能够另辟蹊径，丰富延展人类探究新领域的想象力和思考边界。

经验认识似乎需要经受科学实验的检验才能满足现代意义上的科学范畴，这实际上只是近代自然科学发展中科学主义的一厢情愿。作为近代实证主义和理性主义哲学的产物，科学以实验加理性思考为研究的根本方法。"如果人们不是让天文学与人发生联系而是与宇宙联接起来，那么它反而会被认为是非常不完善的，因为我们一切实在的探究都必然只局限于我们的天地，而这不过是宇宙中的一个小小元

---

[1]史怀哲. 中国思想史[M]. 常暄，译. 北京：社会科学文献出版社，2009.

素，对于整个宇宙，我们基本上无法探索。这就是在真正的实证哲学中最终要占上风的总的局面。"① 或许正是由于探索能力的局限性，导致了人类过多地将目光聚焦于眼前"一亩三分地"的耕犁，而忽视了超越实证主义的宇宙观。

宇宙是一个完整的有机体，宇宙中的任何事物本身又构成一个个"小宇宙"，有着自己独特的方位和运转机理。筑基于大量经验事实与象数基础上的"宇宙—自然—人"三位一体思维框架，已经构成了一个与科学理性思维系统具有内在一致性的"象征主义哲学体系"。如果我们想了解"小宇宙"，就必须把它看成是整个"大宇宙"的一个部分，个人必须以"小我"与整个系统进行能量的沟通。不论在任何时刻，甚至当我们自以为可以恣意主宰一切的时候，也不要忘记我们仍然是整体的一部分。

三、投资整体观

对千百万人的经济繁荣来说，投资决策的协调在多大程度上代表了集体理性的形式，在多大程度上投资市场仅仅是一种凯恩斯所说的由"动物精神"支配的不可预期的东西？② 当 PE（股权投资）或 VC（风险投资）的投资者们齐聚一堂，饶有兴致地讨论着融资方的相关情况，项目虽然经过了初步酝酿，但在正式摆上桌面审议时，还是会存在"观点碰撞"。最具话语权的大咖力排众议，迅速地做出了决定性判断。这样的判断也许是基于对前期论证的自信，而我们需要追问

①孔德. 论实证精神[M]. 黄建华，译. 北京：商务印书馆，2009.
②吉登斯. 现代性的后果[M]. 田禾，译. 南京：译林出版社，2011.

的是，现有的投资可行性框架对于融资方的分析是否具有充分的阐释力？

有人在命悬一线之际死里逃生，有人在孤立无援之际遇见贵人相助。考场上有人超常发挥，应聘时有人成功捡漏，当一个人被幸运之神眷顾的时候，那种纵然无心插柳依然绿柳成荫、尽管阴差阳错却能元亨利贞的运势是让人艳羡并希望持久保持的状态。每一名投资方都希望做市场的幸运儿，依托现有的投资分析框架对融资方的财务结构、现金流量、发展趋势等进行深入研究，就能实现滚滚而来的投资收益……

幸运者毕竟只是少数。那些怀揣生态文明理想，却在项目抉择"临门一脚"的关键时刻踌躇不前、反复研判的投资人，最终无可奈何地在云谲波诡的市场大潮中千金尽掷、铩羽而归。正如英国经济学家凯恩斯所言："企业家是在玩一种既靠本领又靠运气的混合游戏。其平均结果如何，参与者也无法知道。如果人类的本性不喜欢碰运气，或者对于开工厂、修铁路、开矿和开垦农场，除了利润之外别无他图，仅凭冷酷的计算，那就不可能有大量的投资。"[1] 投资回报的犹疑、使命担当的召唤、技术路径的考量，在进退维谷的两难抉择面前，摩拳擦掌的资本只能与门外的绿水青山咫尺隔望。

尽管建立于西方数理逻辑基础上的现代投资理论在数学语言与计算机技术的装饰下能够为投资提供"市场罗盘"，但是那些经过精密计算的投资项目似乎总难遂人愿，没有多少能如巴菲特和芒格那般"基业长青"。当投资方高枕无忧地听凭人工智能的指令时，起起落落

---

①凯恩斯. 就业、利息和货币通论[M]. 宋韵声，译. 北京：华夏出版社，2013.

的市场环境又时刻拨弄着他们紧张的心……投资行业必须找到一个更加具有解释力的投资理论框架，让投资决策在资本市场零和博弈的刀光剑影里"从心所欲而不逾矩"。

带着"天人合一"的理念出发，每一次投资决策不仅是个人或集体起心动念的过程，也是整个地球乃至浩瀚宇宙某个角落一次能量波的释放。因此，投资决策不仅需要了解融资方的经济指标与各种不确定因素之间的关系，而且应当在人类生存的物理环境和日月星辰、宇宙天穹的相互影响、相互感应的整体统一框架下设定投资项目的参数边界，在万物互联之网中考察与认识资本行动。

实际上，"天人合一"思想在星占中的主要作用是建立起了星官和人间事物的联系。[1] 这种万物互联思维通过对自然、社会及其所构成事物之间的联系性、统一性和不可分割性进行认识，构筑起人与自然、社会的整体观。其中，整体与整体、局部与整体、局部与局部之间不是杂乱无章的罗列，也不是简单的堆砌，更不是生拉硬拽的拼凑，而是提纲挈领、条分缕析地有机组织在一起。

整体性是世间万物的一致性特征，投资是一个既有纵向内在逻辑，也有横向外在关联的完整系统，远不是靠某一个"点"所能够支撑的。它依赖于对不同因素和不同面向的分析，并从每一个面向中挖掘可以反映整体规律的信息和运行法则，搭建起一个立体化的投资体系。

从这个意义上来说，投资学注重分析和实证的思维方法在一定程度上隔离了投资方与自然、社会的人文联系，不利于投资方认识项目

---

[1]徐刚，王燕平. 星空帝国：中国古代星宿揭秘[M]. 北京：人民邮电出版社，2021.

实施的根本意义与价值。西方现代科学孵化而出的投资学框架在有效解决项目与自然、人类的互动问题上显得捉襟见肘，因为项目不是科学主义视角下僵化的客体，而是融汇了人的精神智慧，并深嵌于"宇宙—自然—人"这一宏观框架中的"活的存在"。

西方实证研究方法试图通过模型建构和计量分析将自然科学研究范式应用于社会科学研究，在实验室或者某一特定环境中通过自变量的调整，观察因变量的变化，从而确定两种或者多种因素间的因果关系。这种研究方式对所操作的变量有着严格的控制，过于注重通过数字数量的分析统计对项目进行微观层面的探讨，而忽视了对项目、人、自然有机统一体的宏观把握。

数理经济学派早期代表人物斯坦利·杰文斯坚持对人类情感动机和快乐痛苦进行精确度量，"只要商业统计能比现今更完全更准确得多，从而能由数字材料赋予公式以精确的意义，经济学即可逐渐成为精确的科学。"[1]当然，一个相对准确而科学的建模本身不仅有静态的广泛而深入的覆盖，还有动态的反复迭代覆盖，这便是分布式存储、大数据、智能化越来越变为现实的原因。

但是智能化设备又如何能够覆盖宇宙间一切与预测对象相关的数据呢？况且，算法本身也是深嵌在人类的思考结构中的。"算法可以再现偏见或传播特定的价值，而这些特定的价值反映系统设计者或输入数据的偏见。比如，数据模型分析会对那些在过去更容易违约或被判有罪的个人或群体给出更高的风险评分。"[2]那么，人类如何保证获

①杰文斯. 政治经济学理论[M]. 郭大利，译. 北京：商务印书馆，1984.
②舒伦伯格，彼得斯. 算法社会：技术、权力和知识[M]. 王延川，栗鹏飞，译. 北京：商务印书馆，2023.

得的数据不会带上特定的意识形态？

投资方在进行项目投资时不仅要结合国家的宏观经济政策和形势，而且要立足项目与周边环境的相互作用，在"宇宙—自然—人"整体观中进行项目可行性评估，摒弃西方新古典经济学中经济价值与社会价值二元对立的思维，鼓励融资方与自己一同秉承价值共创理念，通过 ESG 投资发掘项目与社会利益的交叉点，实现多目标最优。

通过最小成本创造最大投资收益和社会效益涉及如何在"天人合一"理念下重塑 ESG 投资的财务计算过程。笔者以为可采取混沌视角进行综合计算，将环境与社会变化引发的相关风险等不确定性因素涵括进投资项目本身的可行性论证以及相关价值计算范畴中，这不仅有利于决策的精准性，也能不断提高资本与自然共融的能力，促进绿色资源的帕累托最优配置。

关于整体观的论述并没有从"术"层面为投资者提供具体的投资策略，而是致力于将投资纳入更为宏阔的"大宇宙"视角中加以考量，因为金融系统的资本流动会直接关系到粮食、能源、人类文明等多个系统的兴衰，这些系统都将统一在"天人合一"的宇宙大系统之下。如果投资决策不能对项目中的瑕疵微澜保持高度的灵敏和警觉，那么极小的偏差都可能引起大相径庭的结果。比如天气也会影响到投资者的心情和行为。"投资者在晴天更可能买进而不是卖出股票，如果这种情况影响到了足够多的投资者，那么股市本身也会受到影响。"[1] 当投资决策端的微小差别扩展到投资收益端、负债端和社会端时，就会引发一系列重大变化。

---

[1] 诺夫辛格. 行为金融与投资心理学[M]. 郑磊，郑扬洋，译. 北京：机械工业出版社，2019.

经济活动中的效用最大化目标不仅仅是那些可以用货币来度量的物质财富，还应当包括那些难以用货币来衡量的其他效用，如洁净的空气、清澈的河流、美丽的田野……选择投资项目必须考虑项目的上马是否会污染环境、是否会破坏生态平衡、是否会激发"邻避运动"①以及如何采取行之有效的治污举措，而坚决禁止投资那些"边生产边污染边处理"的项目应该是ESG投资的底线。

以个人、企业和政府为代表的投资方唯有穿越历史的烟尘，突破传统的财务计量方式，坚定不移地以宇宙、物候现象作为投资的外延参照，探讨总结人类决策和自然环境周期性变化规律之间的关联性，掌握投资项目与自然、社会的相互影响关系及可能带来的外部性，才能够提前发掘许许多多潜藏的风险隐患与连锁反应，让每一个投资项目的出炉都经过周详考虑和多维评价。从这个意义上来说，每一次的投资决策都关乎价值与文明、使命和荣光。

四、混沌中的定见

三国时期，东吴官员徐整在《三五历记》中这样说道："天地浑沌如鸡子，盘古生其中，万八千岁，天地开辟，阳清为天，阴浊为地。"意思是，盘古开天辟地之前，天地混为一团，像个鸡蛋一样，盘古就生在这当中，过了一万八千年，天地分开了，轻而清的阳气上升为天，重而浊的阴气下沉为地。

这或许是中国古代典籍中关于浑沌比较早的记载。西汉纬书《乾

---

① "邻避运动"指的是居民或机构因担心项目建设对身体健康、环境质量和资产价值等带来诸多负面影响，从而产生强烈的不满情绪甚至抗争行为。

凿度》中称之为浑沦，"浑沦者，言万物相混成而未相离。"西汉的刘安在《淮南子·诠言》中说："洞同天地，浑沌为朴。未造而为物，谓之太一"。东汉唯物主义哲学家王充在《论衡·谈天》中这样写道："说《易》者曰：'元气未分，浑沌为一'。"

在现代系统科学研究中，浑沌与浑沦又被写作"混沌"，用来描述现实世界中一种貌似无规律的复杂运动，但从原初意义上来说，它们都是中国古人在宇宙生成论层面，想象天地开辟之前模糊一团、蒙昧不清的状态。

作为一门研究系统行为过程和演化的整体性科学，混沌学主要聚焦确定系统中出现的貌似不规则的运动，这种运动对初始值极为敏感，难以对运动物体或粒子的未来位置和速度进行清晰刻画，展现出一种内在的随机性。

实际上，这种内在随机性只是一种表面的千头万绪和混乱无序，从更高的维度来看，混沌系统其实蕴含着丰富多样的规则性和有序性，是有序进化过程中的一个环节，或者说处于简单有序和复杂有序之间，它本身也就是有序与混沌的复合体，呈现出复杂的非线性耦合状态。

作为一门交融着自然科学与人文社会科学的学问，混沌学将自然系统与社会系统的演化都囊入其中。从星体运行、生物进化、大脑神经到气候变化、战争局势、车况物流甚至商品销售和金融市场等都具有混沌特征，任何一个混沌系统都不是由系统内的各部分简单相加而成，而是由组成系统的一切要素、单元、子系统以及它们之间的相互依赖、相互结合、相互渗透和相互制约而形成。

恩格斯的合力论指出，历史是这样创造的：最终的结果总是从许多单个的意志的相互冲突中产生出来的，而其中每一个意志，又是由于许多特殊的生活条件，才成为它所成为的那样。这样就有无数个互相交错的力量，有无数个力的平行四边形，由此就产生出一个合力，即历史结果，而这个结果又可以看作一个作为整体的、不自觉地和不自主地起着作用的力量的产物。①这种关于历史创造的结构化分析清晰地呈现出了各种文明力量的消长趋势。

如果我们将历史看作一个展现不同文明力量角逐的混沌系统，那么置身于历史语境之下的金融行业也应当呈现出比较典型的非线性动力状态。事实上，金融市场确实拥有混沌、分形的特点，当不同的投资方按照各自的价值取向进行投资活动时，不同力量的交互作用使得投资进程难以用单一决定论加以解释。

分形的重要特征是自相似，也就是从整体中取出的任何部分在精细结构和性质上都能够体现出整体的基本特征。混沌系统在现象、表层和形式上表现出无序，但是在本质、深层和内容上又呈现出有序，这种特点为我们理解金融市场的动态变化以及其中各要素之间复杂的相互关系提供了新的思考路径。

以证券投资基金系统为例，建立在"有效市场假说"基础上的传统金融理论采用线性方法研究，忽视了理性、无摩擦、正态分布和均衡之类的假设与实际状况不吻合的情况，因而在解释系统出现偏差以及产生的种种"市场异象"方面捉襟见肘。在这个意义上，通过混沌学的研究探索有助于更加准确有效地摸索系统的演化和运作机制。

在证券投资基金系统中，由于信息与信息之间存在着大量的非线

---

①马克思，恩格斯. 马克思恩格斯选集（第四卷）[M]. 中共中央马克思恩格斯列宁斯大林著作编译局，译. 北京：人民出版社，1997.

性相互作用，系统的行为会出现不稳定的或是不规则的变化，初始条件的微小变化经过一系列递归演化后将导致系统行为轨道发生巨大漂移，因此我们需要将股票细微的、分散的交易行为同大规模的宏观变动联系起来，致力于寻找价格、需求和供给之间无规则起伏的深层机理。

笔者并不敢完全苟同新古典主义关于经济波动源于经济之外因素冲击的假说。因为从混沌视角来看，在开放经济条件下，国际经济间的相互联系使得市场波动相互传染，宏观经济的不规则涨落实际上是经济系统内外部因素共同作用的结果，是外部经济政策和经济系统内部的技术创新力、消费者购买力等多重因素相互作用的产物。笔者以为，人类可以在融合技术分析与直觉思维的基础上，进行 ESG 投资分析和决策。

技术分析需要投资者拥有对"数"的直觉能力，善于从极其复杂、不断变化的市场大系统中开掘出涉及生产、分配、交换、消费各环节的信息，既包括确定的、线性的信息，也包括不确定的、非线性的信息，并将纵横交错的物质流、资金流和信息流数据融汇到一系列混沌模型中，找寻关于金融市场秩序的明确见解和主张。

这种见解和主张可以看成是一种定见，是能够帮助人类从根本上解决痛苦和烦恼的正知正见。从某种程度上来说，正是由于人的自我身心紧张，才会在与自然的相处中无法找准生命存在的合理状态，从而产生无尽的矛盾与斗争。人类一旦获得定见，就会重新调整自己对待世界和人生的态度，在和谐圆融中回归生命的本真状态。这离不开对人生真谛的直觉顿悟。

直觉灵敏的人，能够洞烛先机，他做出的判断日后证明一定是正确的，虽然在判断的那一刻未必就有充分的理由；直觉灵敏的人，能够透过枝蔓直指本质，哪怕他只知其然，而不知其所以然。[①]这种直觉顿悟实际上也具有混沌特征，它是根据当前不完整或者局部的信息进行整体快速感知的思维习惯。直觉顿悟的一刹那也是灵感勃发之际，人的思维活动会随之进入最活跃的状态。此时，人的想象力或多或少摆脱了理智、意志、推理等理性批判力的约束，创造功能也被极大地调动了起来。

直觉顿悟的思维方式在佛教禅宗哲学中得到了发展深化。禅宗六祖慧能目不识丁，追求"不立文字""明心见性"，通过"本自具足"的内观力去证悟事物的"本来面目"。《坛经·行由品第一》记载了惠明禅师向六祖慧能求法的一段对话。

慧能云："汝既为法而来，可屏息诸缘，勿生一念，吾为汝说。"明良久。惠能云："不思善，不思恶，正与么时，那个是明上座本来面目？"惠明言下大悟。复问云："上来密语密意外，还更有密意否？"惠能云："与汝说者，即非密也。汝若返照，密在汝边。"明曰："惠明虽在黄梅，实未省自己面目。今蒙指示，如人饮水，冷暖自知。"

惠明在听法之后大悟的思维过程就是一种直观顿悟，将长期积累的经验化合在具体的感性直观能力中，是一种瞬时判断与兴会神到，佛家称之为"妙觉"。这或许可以与美国社会学家米尔斯提出的社会学想象力对比参照，帮助我们利用信息增进理性，从而看清事情的清

①熊彼特. 经济发展理论[M]. 郭武军，吕阳，译. 北京：华夏出版社，2015.

晰全貌。① 在西方科学史上，阿基米德因为水的溢出而发现浮力，哈格里夫斯因为撞到纺车而制造出珍妮纺纱机，凯库勒因为梦到一条舞动的蛇而发现了苯环结构，无一不是这种直观顿悟在发挥着功效。

直觉思维能力是一种具有整体性、快速性的从感知直通决策的思维型习惯。要想从纷繁复杂的投资决策中理出头绪，必须具备混沌的顿悟式直觉。直觉思维体现了人类最高的生态智慧。② 这种直觉是一种动态的直觉，是在掌握充分的信息基础上，随着投资内外环境不断变化和发展的直觉，是一种风雨来时如如不动的安定、愉悦状态，这对追求多重目标的 ESG 投资必然大有裨益。

投资方对融资方的分析不能仅仅局限在技术与策略层面，而是要立足宇宙整体观，在直接而迅速地对融资方进行思维投射的同时，激活大脑中已有的认知图式，通过瞬间内省去认识事物的特性和本质。当大脑中的神经回路突然接通而产生相互作用时，有序的逻辑思维可能会暂居其后，无序的灵感思维反而会走向台前，喷薄而出。

顿悟并非完全是感性冲动的表达方式，而是包含了以理性作为规范的经验内容，这是理性向感性积淀的结果，理性经验最终化合在具体的感性直观能力中。投资方在风云变幻的资本市场上，应该有意识地加强对直觉顿悟能力的培养，既能针对具有混沌特征的市场建构起线性和非线性方程，又能充分利用灵感和直觉进行决策，在混沌中生出明晰的定见，促使原有的投资决策向新的更高层次的有序态演化。

---

①在《社会学的想象力》一书中，米尔斯认为社会学研究者应当具备社会学的想象力，这是一种心智品质、换位思考的能力、发散思维的能力。对于自然科学研究来说，也不无启发。

②施韦泽. 敬畏生命：五十年来的基本论述[M]. 陈泽环，译. 上海：上海社会科学出版社，1992.

天下大同篇

（Social）:

资本运动与社会福利增进

在国际交往中，中国投资机构留给西方人的印象是怎样的，是否沉浸于对财务回报的追逐，而忽视了对投资根本使命的追问？作为舶来品的ESG能否与中华文化深度契合，并指导绿色投资实施？一连串的发问都急切呼唤着中国投资行业培育起独树一帜的文化底蕴，在浩浩荡荡的时代大潮中厚植自己的原创哲学理念。

作为叩启中华文化大门的一把西方钥匙，ESG将长期束之高阁或在民间暗脉相承的传统文化再度曝晒在阳光之下，为投资行业赋予超越一城一池的"天下观"。儒家思想认为一个人应该拥有的终极梦想就是大同世界，"凡大同之世，全地大同，无国土之分，无种族之异，无兵争之事，则不必划山为塞，因水为守，铲除天险，并作坦途。"① 这种"天下为公"的情怀激励着一代又一代中国人迈出个人利益的"舒适圈"，在追求公正、民本、和谐的大道上实现"天下大同"。

这是一种嵌在中国人神髓里、面向世界和未来的"根性记忆"。"天下大同"意味着物质文明的极大丰富和精神文明的高度发展，这离不开ESG投资对社会责任的履行，因为获取投资收益、促进充分就业、做好收入分配和践行企业家精神等要素都应

①康有为. 大同书[M]. 长春：吉林出版集团有限责任公司，2012.

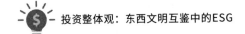

当是社会责任的题中应有之义。因此，将 ESG 投资放置在中华民族的精神文化血脉中进行"基因图谱分析"，以期让投资融通东西方文明，并促进人类社会福祉也就显得名副其实了。

第四章　东西文明会通中的共同富裕

共同富裕不仅是人类在历史进程中颠扑不破的理想，也是全球治理加速趋向文明的标尺。它蕴含着人类物质生活和精神生活的双重富裕，昭示着普遍富裕基础上的差别富裕和分阶段逐步富裕。

追求共同富裕的正当性与合理性在儒家文化中早有论述。子曰"富而可求也，虽执鞭之士，吾亦为之"①，意思是财富如果可以合理求得的话，即使是做手拿鞭子的差役，我也愿意。这意味着在求富贵的同时必须要合于"道"，"道"是与"利"相对应的"义"。共同富裕不仅包含着"利民富民"思想，也囊括了"以义制利"理念，力求从道德规范上实现公私兼顾。

人类的富裕与特定阶段社会生产力水平的高低休戚相关，生产力水平的提高离不开人类对自然的开发利用。在社会达尔文主义者看来，社会与自然之间的协调是由能量均衡原则来调节的，它表现为社会与自然之间的相互适应与斗争，也就是说人类社会只有在适应与斗争中才能进步。因此，生存竞争构成了社会进化的基本动因。

---

① 中华文化讲堂. 大学·中庸·论语[M]. 北京：团结出版社，2014.

正如竞争并不必然排斥合作一样，笔者以为社会达尔文主义强调的"适者生存"理念并不意味着对普适道德和利他主义的排斥，而是一个开放的学术场域，可以容纳任何其他学术观点的介入。

竞争开启了以技术创新为代表的生产力进步，技术创新又反过来推动了生产关系的改变并重建新的生态平衡。基于此，我们有必要回到历史进化论的源头，审视共同富裕的实现机制，在资本运动引起社会福利增进的维度上，更加清晰地把握共同富裕的本质内涵，将对共同富裕的愿景与儒家学说、历史进化论紧紧扣连在一起。

一、公羊"三世说"嬗变

进化是系统从无序到有序或从低级有序到高级有序的转变过程。自然系统与社会系统在与外部世界交换能量时，系统内部的物质、能量或信息会形成一种新的稳定的流动方式，这种流动方式推动了社会系统内部功能和结构的变化，是一个混沌与有序交织的有序化过程。这为我们从混沌演化视角理解公羊"三世说"嬗变提供了"观照台"。

孔子作《春秋》后，由于经文言简义深，有公羊、谷梁、左氏三家分别对《春秋》进行注释，形成包含《公羊传》《谷梁传》《左传》在内的"春秋三传"。其中《公羊传》由战国时齐国人公羊高口说相传至西汉，并由其玄孙公羊寿与弟子胡毋生写于竹帛之上。

作为公羊学派的社会历史学说，"三世说"源于《公羊传》有关"所见异辞，所闻异辞，所传闻异辞"的说法。孔子在《春秋》中记载了鲁隐公元年至鲁哀公十四年的历史，并将这段历史分为"所见、所闻、所传闻"三个不同的历史阶段。

隐公元年。冬十有二月，祭伯来。祭伯者何？天子之大夫也。何以不称使？奔也。奔则曷为不言奔？王者无外，言奔则有外之辞也。公子益师卒，何以不日？远也。所见异辞，所闻异辞，所传闻异辞。

桓公二年。三月，公会齐侯、陈侯、郑伯于稷，以成宋乱。内大恶讳，此其目言之何？远也。所见异辞，所闻异辞，所传闻异辞。隐亦远矣，曷为为隐晦？隐贤而桓贱也。

哀公十四年。孔子曰："吾道穷矣。"《春秋》何以始乎隐？祖之所逮闻也，所见异辞，所闻异辞，所传闻异辞。

三个不同历史阶段的描写使用了不同的修辞，《公羊传》将其概括为孔子为表达其"微言大义"而有意采取的"笔法"。东汉今文经学家何休发扬孔子"拨乱反正"的政治理想，进一步总结提炼为公羊"三世说"，即"据乱世—升平世—太平世"，并将"有传闻世""有闻世""有见世"分别对应"据乱世""升平世""太平世"。"有传闻世"是前人传述下来的，讲如何在"衰乱"中治理；"有闻世"是孔子听人说的，讲如何进入"升平"；"有见世"是孔子亲自见到的，讲如何达到"太平"。

《公羊传》认为"三世"所处历史阶段不同，治理手段也不相同，"据乱世"要"内其国而外诸夏，先详内而后治外"，"升平世"要"内诸夏而外夷狄"，最终目的是实现"夷狄进至于爵，天下远近小大若一"的太平盛世。

康有为把公羊"三世说"与"大同小康学说"、西方进化论相糅合，扩充了"三世说"的内涵，进一步开掘近代社会变革的政治哲学。我们可以看看清末小说家曾朴在《孽海花》中描述的一幅画面。

> 那时唐先生在讲台上，正说到紧要关头。高声地喊道：孔子作《春秋》的目的，不重在事和文，独重在义。这个"义"在哪里？《公羊》说制《春秋》之义，以俟后圣。

唐先生在实际生活中的原型就是康有为。他认为《春秋》从表面上看是一本编年体史书，简明扼要地记录了一些重要史实，但其要表达的深层道理是潜藏在事实背后的"义"，这可以从公羊学说中窥见一斑。

西汉儒家编撰的另一部书籍《礼记》中有一篇叫作《礼运》的文章记录了孔子关于"大同小康"的社会构想，介绍了礼的起源、运行与作用，讲到孔子在鲁国参加年终祭祀，觉得鲁国尚能持礼，但已失去大道之实质，人心已不公，故而喟然长叹。

> 昔者仲尼与于蜡宾，事毕，出游于观之上，喟然而叹。仲尼之叹，盖叹鲁也。言偃在侧曰："君子何叹？"孔子曰："大道之行也，与三代之英，丘未之逮也"，而有志焉。
>
> "大道之行也，天下为公。选贤与能，讲信修睦。故人不独亲其亲，不独子其子，使老有所终，壮有所用，幼有所长，矜寡孤独废疾者皆有所养。男有分，女有归。货恶其弃于地也，不必藏于己；力恶其不出于身也，不必为己。是故谋闭而不兴，盗窃乱贼而不作，故外户而不闭。是谓大同。"

"今大道既隐，天下为家。各亲其亲，各子其子，货力为己。大人世及以为礼，城郭沟池以为固。礼义以为纪，以正君臣，以笃父子，以睦兄弟，以和夫妇，以设制度，以立田里，以贤勇知，以功为己。故谋用是作，而兵由此起。禹、汤、文、武、成王、周公，由此其选也。此六君子者，未有不谨于礼者也。以著其义，以考其信，著有过，刑仁讲让，示民有常。如有不由此者，在埶者去，众以为殃。是谓小康。"

孔子认为夏商周三代之前的社会是"天下为公"的大同社会，天下为人们共有，大家把品德高尚、有才能的人选出来，每个人都讲诚信，和睦相处。等到大道隐没，天下不复为公，也就成了小康社会。小康和大同，描摹出了中华文明滋养下的社会发展路径。"中国两千年来，凡汉、唐、宋、明，不别其治乱兴衰，总总皆小康之世也"①，这是康有为对历史上小康之世的总结。作为古代中国理想社会的最高阶段，大同是从先秦诸子百家到近代仁人志士都向往的"天下有道"的理想社会。

在进化论思想框架下，康氏将小康、大同与"升平世""太平世"分别做对应，以烘托孔子的微言大义："《春秋》三世之法，与《礼运》小康、大同之义同，真孔子学之骨髓也。"②康有为摒弃"天不变，道亦不变"的观念，对人类社会的发展轨迹做了如下描绘："由独人而渐至酋长，由酋长而渐立君臣，由君臣而渐为立宪，由立宪而渐为

---

①康有为. 康有为全集（第五集）[M]. 北京：中国人民大学出版社，2007.
②康有为. 康有为全集（第六集）[M]. 北京：中国人民大学出版社，2007.

共和。"①

康氏认为从"据乱世"进至"升平世"再进到"太平世"是社会进化的规律，"升平世"为小康之道，"太平世"为大同之道。从他撰写的《春秋董氏学》和《孔子改制考》中也可见其对大同社会的期盼。

"三世为孔子非常大义，托之《春秋》以明之。所传闻世为据乱，所闻世托升平，所见世托太平。乱世者，文教未明也。升平者，渐有文教，小康也。太平者，大同之世，远近大小如一，文教备全也。"②

"尧、舜为民主，为太平世，为人道之至，儒者举以为极者也……孔子拨乱升平，托文王以行君主之仁政，尤注意太平，托尧、舜以行民主之太平……借仇家之口以明事实，可知'六经'中之尧、舜、文王，皆孔子民主、君主之所寄托……《春秋》始于文王，终于尧、舜。盖拨乱之治为文王，太平之治为尧、舜，孔子之圣意，改制之大义，《公羊》所传微言之第一义也。"③

孔子提出大同并不是对过往历史的记录与追述，而是希望在重拾"制礼之精意"的基础上建立起新的大同之世。辜鸿铭认为孔子留下了挽救中国文明的图纸和设计："他对文明的设计做了一个新的综合、一个新的解释。在这个新的综合里，他给了中国人真正的国家观

①康有为. 康有为全集（第六集）[M]. 北京：中国人民大学出版社，2007.

②康有为. 春秋董氏学[M]. 北京：中华书局，1990.

③康有为. 孔子改制考[M]. 北京：中华书局，2012.

念——国家的一个真正的、理性的、永恒的绝对基础。"①身处晚清内忧外患的时代变局之中，康有为着眼于"三世说"的经世致用，力求在融通中西思想中展开富有时代气息的"我注六经"，找寻开启中国社会进化的钥匙，使之由"据乱"进为"升平"，最终臻于太平大同的极乐世界。

在解释亲亲、仁民、爱物之道时，康氏极力阐发"循序而行"的历史渐进观点，"凡世有进化，仁有轨道，世之仁有大小，即轨道大小，未至其时，不可强为"。②妄图超越社会进化规律是不可行的，也是不可能的，只能"循序依级"。

戊戌变法失败后，康氏针对革命派的激进，认为改革的步伐应当循序渐进，为了增强"三世说"的阐释力，他将其改造成了内涵更加丰富的"三世三重说"。

> 孔子世，为天下所归往者，有三重之道焉。重，复也，如《易》卦之重也。……三重者，三世之统也。有拨乱世，有升平世，有太平世。拨乱世，内其国而外诸夏。升平世，内诸夏而外夷狄。太平世，内外远近大小若一。每世之中，又有三世焉。则据乱亦有乱世之升平、太平焉，太平世之始，亦有其据乱、升平之别。每小三世中，又有三世焉，于大三世中，又有三世焉。故三世而三重之，为九世。九世而三重之，为八十一世。展转三重，可至无量数，以待世运之变，而为进化之法。此孔子制作所以大也。盖世运既变，则旧法皆弊而生过矣，故必进化而后寡过

---

① 辜鸿铭. 中国人的精神[M]. 西安：陕西师范大学出版社，2011.
② 康有为. 康有为全集（第五集）[M]. 北京：中国人民大学出版社，2007.

也。孔子之法，务在因时。当草昧乱世，教化未至，而行太平之制，必生大害。当升平世，而仍守据乱，亦生大害也。[①]

这个时期，康氏强调社会的变化需要根据世态来定，每一世态有其对应的治法，不能脱离世态采取越级的治理方式，大体而言，就是"据乱世"实行君主专制，"升平世"实行立宪，"太平世"实行共和。这种学说构筑了一个具有浓郁乌托邦色彩的大同之世，未必能与当时社会的发展现状相符合，但是为我们探讨投资与"天下共富""天下大同"之间的相互依赖关系提供了丰富的理论渊源。

二、大同小异"致中和"

无论是康氏早期思想中的"三世说"还是后续丰富完善的"三世三重说"，都是延续以孔子为代表的先贤圣哲"有志于大道"的理想和精神，站在人道主义关怀的立场，从人间万象的忧苦悲怆、起落浮沉中发"不忍之心"，并将微言大义兴于笔端，以期实现大同世界的美好愿景。

这是列强环伺、亡国灭种危机下，近代中国人在思想文化领域爆发的一次"救亡图存"的理论尝试，旨在将中华传统文化与西方现代文明进行嫁接，为中国现代化进程中的物质建设、制度建设与文化建设提供思想纲领与总体方案。

心忧天下的政治理想需要在现实的探微烛隐中收取成效。步入科

---

①康有为. 康南海书牍（中庸注）[M]. 桂林：广西师范大学出版社，2019.

技浪潮与社会化大生产狂飙突进的 21 世纪，人类对大同理想的追逐迫切呼唤着物质、精神和公平正义的实质性突破。因为没有物质与精神双重财富的积累，就不能提供摆脱绝对贫困的物理基础与思想源泉，没有公平正义的制度保障，就不能实现社会财富的合理分配与全民共享。

正是在这个意义上，"天下大同"与"天下共富"构成了有机互动的统一整体。我们应当将"天下共富"视作"天下大同"的外在表现形式与实现路径，"天下大同"意味着将"天下共富"的底色化合在每个人的物质富足与精神富有里，展现出一派富庶充盈、治臻大化的气象。

"天下共富"的理念从《易经》第九卦《小畜》中可见一斑。这一卦讲述了风调雨顺的年景里农业生产对财富的积累作用。"畜"由田与兹组成，强调的是大家团结和睦，从对农作物的蓄小积微逐渐做大。这一卦的九五爻辞是"有孚挛如，富以其邻"。《象》曰："有孚挛如，不独富也"。[①]意思就是将俘虏串连捆缚，收获的财物并不独吞，而是与邻邑同享，旨在追求整体富裕。

马克思曾经站在解放全人类的高度，阐述了社会化大生产的终极指向："在未来的社会主义制度中，社会生产力的发展如此迅速，以致生产将以所有的人富裕为目的"。这与《易传·系辞传》第五章中"富有之谓大业"的理念不谋而合，伟大美好的事业就是使天下百姓富足。《周易·系辞下》中也说"服牛乘马，引重致远，以利天下"，鼓励人们从事远途经商活动，认为经商求利是"利天下"的大事。

---

①任犀然. 周易[M]. 北京：北京联合出版公司，2014.

"天下共富"不是通过单一性、低水平的物质生产满足每个人的"口腹之欲"，而是要在实现社会全面进步和人的全面发展中抵达"天下大同"。当然，"天下大同"并不意味着完全相同，而是在大同之中存在小异、整体之中存在个性。共同富裕也并不代表财富分配上的绝对平均主义，而是一种从个体富裕到整体富裕的差异化实现过程。这一过程的实现蕴含着经济利益、物质财富以及社会权利的合理分配机制。

如果没有合理的财富分配机制，即便物产极大地丰富，大同理想也终究是梦幻泡影。马克思曾描绘过创造财富的劳动者因贫穷而居无定所的情景："人又退回到穴居，不过这种穴居现在已被文明的污浊毒气污染，而且他在穴居中也只是朝不保夕，仿佛它是一个每天都可能离他而去的异己力量。如果他付不起房租，他每天都可能被赶走。他必须为这停尸房支付租金。"①资本在创造社会财富的过程中，由于聚集在少部分人手中，而丧失了对大多数人的关爱，给人类带来了道德沦丧、贫富差距、生态危机……

烧瓦工"屋上无片瓦"，卖炭翁"衣单愿天寒"，养蚕人"身不着罗绮"……人类历史上曾经难以逾越的财富鸿沟贯通着过去和未来两极，成为实现共同富裕和"天下大同"历程中亟待化解的两难冲突。作为资本运动的重要引擎，投资必须在生产能力、环保诉求和文明发展等多重边界约束下找寻促进社会福利增长与"天下大同"的最优解，填平千百年来鞭长莫及的贫富马太效应。

既要实现财富增长，又要充分考虑个体利益和生态环境，这是一

---

①马克思. 1844年经济学哲学手稿[M]. 中共中央马克思恩格斯列宁斯大林著作编译局，译. 北京：人民出版社，2000.

种在兼顾各种因素和谐共生的基础上，努力实现事物各得其所、平衡发展的理念。投资行业应当将 ESG 投资促进社会福利增长和"天下大同"的愿景放置在"历史进化观"和"致中和"融合视角下加以考察。

请看下面的这段话。

> 喜怒哀乐之未发，谓之中；发而皆中节，谓之和。中也者，天下之大本也；和也者，天下之达道也。致中和，天地位焉，万物育焉。[1]

意思是，喜怒哀乐没有表现出来的时候，叫作"中"；表现出来以后适度而合理，叫作"和"。"中"是人人都有的本性；"和"是天下共同遵循的标准。达到"中和"的境界，天地便各在其位了，万物便可以顺遂生长了。

"中和"是世间万物存在的一种理想状态，是宇宙的最高法则。"致中和"，天地就会各得其所，万物就能正常生长发育，自然界便会处于一种最佳的动态平衡之中。

"致中和"所反映的中庸之理是一种涵盖了自然、社会、人生统一体系的法则，是采用和平方法、恰到好处地化解各种社会冲突。"中"讲的是既不太过，也无不及，"和"讲的是万物之间应当保持中正平和的关系。"不偏之谓中，不易之谓庸。中者，天下之正道；庸者，天下之定理。"[2] 中庸阐述了对立统一矛盾规律下的动态均衡。

---

[1] 中华文化讲堂. 大学·中庸·论语[M]. 北京：团结出版社，2014.
[2] 朱熹. 四书章句集[M]. 北京：中华书局，1983.

中庸之理与历史进化论的结合似乎能够做出这样的指向：一方面投资能够通过创造收入、增加就业和促进福利增长，推动社会系统的竞争与进化，另一方面对那种为了实现共同富裕而恶性竞争的行为持拒斥态度，主张合理的进化与合理的竞争，在矛盾的两端创造性地寻求合理的平衡点。

"致中和"代表人的行动不偏不倚、不走极端，但也要保持自己的独立性，是建立在差异基础上的"和而不同"。《论语·子路》中的"君子和而不同，小人同而不和"指的就是君子从道义、整体利益出发看待问题，因此能够在差异性、多样性的基础上达成和谐统一的认识，是在以公共利益为最高价值原则的前提下，调和差异、避免冲突的统一。

"和而不同"包含着对多样性和多元化的肯定，这与现代协商政治的基本精神具有内在的一致性。协商本身就蕴含着中庸的公共参与精神，"政治决策应该通过协商而不是金钱或权力的途径进行，同时，协商判断的参与度应该尽可能平等和广泛"。[1] 协商民主强调在多元社会现实的背景下，公民通过自由而平等的对话参与公共决策和政治讨论，让不同的个体利益在相互协调中最大限度地趋近公共利益，实现人与人、人与社会、人与自然安稳祥和的状态。

置身"和"情境中的 ESG 投资，是在凝聚多方共识基础上实现共同富裕的行动。其引发的绿色资本运动能够进行持久的价值共创却又不完全被市场逻辑和金钱左右，在推动经济快速增长的同时，通过适度差距的财富分布，调节过高收入、扩大中等收入、增加最低保障，

①Mark Warren. Democratic theory today challenges for the 21st century[M]. Cambridge: Cambridge University Press，2002.

构建一个公平正义、和而不同的文明秩序。

三、从孔子到马克思

睽隔 2000 多年的时空挡不住两位伟大哲人的思想对话，孔子与马克思分别怀揣实现天下大同、共产主义的夙愿，将思想的高光投掷历史的长空，在叩击时代的困顿与痛点中不期而遇。磅礴的江河朝着大海奔涌，东西文明的良方妙药在群星璀璨的人类思想史中会通交融，直指以暴力冲突、道德滑坡、生态恶化为代表的"现代性困境"，逐步凝聚成全人类共同价值的活水源流。

以孔子儒家学说为主干的中国传统文化是在中国农耕文明中应运而生的。在小农经济占据主导地位的时代，儒家思想立足中国传统的家族组织和农业生产，并与勤俭持家、厚道淳朴的耕读实践相耦合，以恢复西周的礼乐文明为社会理想，重伦理、倡孝道、讲礼义，塑造了中国民间深层的文化心理结构。

19 世纪资本主义乱象中诞生的马克思主义是社会矛盾激化和工人运动发展的产物。它吸收和改造了德国古典哲学、英国古典政治经济学和英法空想社会主义思想，形成了由马克思主义哲学、马克思主义政治经济学和科学社会主义三大部分构成的理论体系，爱自由、求平等、强创新，追求人的自由而全面的发展。

如果说为了满足欧洲革命实践需要，在批判旧世界中发现新世界的马克思主义曾经为无产阶级专政提供了"理论依据"，那么在社会发展进入相对和平阶段后，马克思主义的人道主义价值开始闪现耀眼的真理光芒，它为世界普遍交往和人的自由全面发展提供了"思想支撑"。

孔子儒家学说与马克思主义虽然起源不同，却有着对人类共同命运的价值关怀。儒家"仁爱自强"倡导一种深沉的社会责任感，由孔子、孟子和荀子践行的仁道及"守死善道"的价值观念，成为中国人代际相传的文化基因，并在千百年的创造性诠释中，扩展为"天下兴亡，匹夫有责"的道义担当精神，也在一定程度上蕴育着近代先进知识分子的革命情怀。

这种"仁爱自强"精神也体现在马克思的共产主义追求中。马克思的共产主义是"人的自我异化的积极的扬弃，因而是通过人并且为了人而对人的本质的真正占有，因此，它是人向自身、向社会的即合乎人性的人的复归。"①马克思以人的解放为其价值目标，但没有把解放和自由割裂开来，而是把解放作为自由的条件，只有解放的人才能达成自由人的联合体。

这种共产主义追求也体现在孙中山对民生主义的阐释中。他强调"民生主义就是共产主义，就是社会主义，共产主义与民生主义不但不相冲突，并且是一个好朋友"。宋教仁在《万国社会党大会略史》一文中将社会主义意译为"民胞物与之主义"，把共产主义译为"太平大同之主义"，认为它"无国界，无阶级，只以纯粹人道与天理为要素"。

无论是以"仁"作为逻辑起点的孔夫子，还是以"现实的人"作为研究初衷的马克思，其根本目标都是站在观照人类苦难的立场，以积极善意的入世精神对全人类的福祉进行普遍回应。或许可以说，

---

① 马克思. 1844年经济学哲学手稿[M]. 中共中央马克思恩格斯列宁斯大林著作编译局，译. 北京：人民出版社，2000.

仁爱、仁恕、仁和能够在不同的民族、信仰之间架构起精神交流的桥梁。

德国哲学家加达默尔说："即使在生活受到猛烈改变的地方，如在革命的时代，远比任何人所知道的多得多的古老东西在所谓改革一切的浪潮中仍保存了下来，并且与新的东西一起构成新的价值。"① 在构筑"大同之世"的维度上，多元学说具有了共通的价值取向，成为解决21世纪变革语境下人类同自然、社会、自身和解的思想资源。

传统文化本身就是由各种要素乃至一定的异质性因素构成的矛盾统一体，其矛盾的张力恰恰是文化生命力得以变革的机制所在。从孔子的恭、宽、信、敏、惠到孟子的恻隐之心、羞恶之心、辞让之心和是非之心，都强调人的道德修养。孔子说的"君子不器"，也强调的是人不能像器皿一样，只具有某种单一才能，而要做全面发展的人。

"儒学的人文精神所体现的贯通于各文明、各教派之中的世界性在于：儒学适应了人类基本的道德要求，它不是外在灌输和强加的，而是出于人类社会道德生活自身的内在需求。"② 援引马克思主义与现代文明对传统儒家文化进行扩容，既能保存关涉个人身心修养和道德教化的思想资源，也能在对人的本质全面复归基础上形成关于天、地、人关系的终极性思考。

这些学说经过创造性糅合与现代性阐释，有助于我们理解大同理想的世界性内涵，国家既是天下之中有着既定边界和人民的政治体，又是走向"天下文明"的起点。这种东西方文明精髓的和合包含着绿

①伽达默尔. 真理与方法：哲学诠释学的基本特征（上）[M]. 洪汉鼎，译. 上海：上海译文出版社，2004.
②蔡德贵. 五大家说儒[M]. 北京：当代中国出版社，2007.

色发展意识和社会责任意识，因为大同世界是人与自然和谐相处的社会，人必须对自然系统负有道德义务。

人的解放和自由全面发展需要高度发达的生产力和与之相应的生产关系。一方面，生产力在影响决定着生产关系和社会形态，另一方面，生产关系又影响决定着社会的政治、法律、道德等上层建筑。财富的充分流动不仅仅旨在创造物质财富，而且要提高道德水平。随着市场经济的发展和国际化开放程度的提高，我们需要将传统文化价值体系与绿色投资理念进行整合，在抵达共同富裕的征程中，发挥资本运动增进社会福利的功能，建立起人类崭新的价值秩序。

四、共同富裕的福利供给

站在东西方文明的交汇点上抚今追昔，无数仁人志士承前继后，抱定"虽九死其犹未悔"的勇毅无畏，奔走在为共同富裕而上下求索的历史征程中。

对当下时政积弊的忧思，对人类冷暖痛疾的共鸣，对世间美好生活的期许……关于人类命运的价值关怀与深邃思考激荡在时光大地的每一寸角落，深深烙进每个人衣食住行的细末精微中，饱含着对人类福利最朴素的渴望。

福利，一个神圣的词汇，似乎能让我们想起工资、奖金之外所有非现金形式的报酬，但这种经济层面的福利并不能从根本上囊括其真正内涵，以生态优越、文化繁荣和社会安全为代表的非经济福利也是福利的有机组成部分。

从根本意义上来说，福利是通过满足人类的经济、教育和医疗等需要，为人类社会提供实现美好生活的基础条件，它不是带有施舍与恩赐性质的救济手段，而是一种公民权利和社会目标，指向的是共同富裕的终极愿景。

康有为从对人的关爱出发，在《大同书》中将儒家的"仁"作为福利思想的精髓，提出建立一种由政府完全承担公民"人生八有"的社会保障制度，包括幼有所育、学有所教、农桑者有所助、无业者有培训、穷弱者有所扶、病疾者有所医、老有所养、死有所葬，主张在社会化大生产基础上寻找通向共同富裕的道路。

孙中山的福利思想主要融合在其民生主义学说中，他将西方社会福利观与中国的"大同世界"观相结合，认为只有通过"人能尽其才，地能尽其利，物能尽其用，货能畅其流"才能实现共同富裕。他格外重视城市生态环境建设，认为生活污水、垃圾、工业"三废"的乱排滥放导致城市的水体污染，进而提出建设"花园都市"和自来水供给系统的构想。

"广州附近景物，特为美丽动人，若以建一花园都市，加以悦目之林圃，真可谓理想之位置也。广州城之地势，恰似南京，而其伟观与美景，抑又过之。夫自然之元素有三：深水、高山与广大之平地也。此所以利便其为工商业中心，又以供给美景以娱居人也。珠江北岸美丽之陵谷，可以经营之为理想的避寒地，而高岭之巅又可以利用之以为避暑地也。"

"除通商口岸之外，中国诸城市中无自来水，即通商口岸亦多不具此者。许多大城市所食水为河水，而污水皆流至河中，故中国大城市中所食水皆不合卫生。今须于一切大城市中设供给自来水之工场，以应急需。"①

孙中山将工商业选址与生态环境有机融合，重视企业经营对物质文明的贡献，又忧心中国大城市所食水皆不合卫生，积极改善居民饮用水条件，兼顾生态环境对人的身心情志的濡养，旨在对资源进行优化配置，在促进社会福利最大化的基础上达成"天下大同"。

大同社会是实现福利最大值的社会，但并不意味着每个人的需求都可以毫无原则地得到满足，它以增进普遍福利为目的，却遵循底线公平。当任何重新改变资源配置的方法已经不可能在不使任何一人处境变坏的情况下使他人的处境更好，就意味着已经使得社会福利达到最优。

福利经济学依据边际效用递减原则论证了向富人征税补贴给穷人的方式能够提升整个社会的福利水平。对于富人而言，同样的财富从富人转移给穷人，其福利的减少要小于给穷人带来的福利增加，合理的财富转移机制可以使得社会财富总量在不增加的情况下实现社会福利总量的增加。

实际上，西方福利社会除了依靠教育、医疗、社保等公共产品供给外，很大程度上是通过建立良好的转移支付机制实现社会福利增进，国家以累进税制向富人征税，对患病、残疾、失业的劳动者增加适当的物质帮助和社会服务。这将在后文收入分配部分详加论述。

通过福利供给实现共同富裕的愿景依赖于可持续的绿色福利供给机制。这需要投资行业立足东西方文明会通的现实语境，在政治、经

①孙中山. 建国方略[M]. 北京：中国长安出版社，2011.

济、文化和自然环境的动态交互中从"唯 GDP 论"转向"绿色 GDP"发展观，加大 ESG 投资力度。因为生态系统的完整性、国民收入增长、充分就业以及消费者权利保护都是人类社会的基本福利。

既要从根本上解决环境生态危机，又要在做大社会财富蛋糕的基础上增进社会福祉，这是一种在看似不可调和的矛盾中求解。投资行业必须站在人类命运共同体视角，充分认识到良好的生态环境是全体人民的共有财富和最普惠的民生福祉，企业只有为社会创造价值，社会才能保护企业良性发展，让企业家和员工在生产经营活动中挣到属于他们的酬劳。在这个意义上，ESG 投资不能沦为追求利润最大化的机器，而是要升级跃迁为服务社会成长的坚实力量。

一项实证研究表明，ESG 投资每增加一个单位将减少 0.334 个单位的空气污染，从而使社会幸福感增加 0.225 个单位。[1] 在 ESG 投资作用下，源源不断的资金流注入科研创新、节能减排、退耕还林等领域，提供改善生产工艺和生产流程的资金支持，并加大绿色产品的供给力度，在拉动国民经济增长、提供就业机会的同时，减少环境污染，改善居民生活品质。

社会福利增长与 ESG 投资是高度统一的。如果说政府税收、国民收入的有效增长与合理分配是 ESG 投资带来的最直接、最明显的功效，那么绿色福利也是 ESG 投资在生态领域产生的深层次效果。国民收入总量越大，社会经济福利总和就越大；国民收入分配越是均等化，平均社会经济福利也就越大。

对以工资为生的劳动者的需求，自然也会随着国民财富的增加而

---

[1] Peiyao Lu, Shigeyuki Hamori, Shuairu Tian. Can ESG investments and new environmental law improve social happiness in China? [J]. Frontiers in Environmental Science, 2023（1）：7.

增加。国民财富不增加，对以工资为生的劳动者的需求也当然不会增加。① 换句话来说，ESG 投资在拉动收入增长的同时，也刺激了消费，消费又能为投资指明方向并带动生产和再投资。相关研究表明，中国各省域绿色投资与绿色福利之间在 1% 的显著水平上呈现出正向关系，绿色投资每增加100%，则居民绿色福利增加 1.21%。② 由此而来的国民财富增加与社会福利改善会攸关每一个人的身心健康。

从社会进化角度来看，资金是社会系统进化的能量。ESG 投资可以通过优化资金配置、调整产业结构、提高绿色生产率等方式，在加大对污染企业融资约束的同时，将环境资源不断地转化为社会福利产出，促使融资方的边际环保成本曲线不断地下降，使得更多的企业主动实施污染物减排，将产业部门的绿色效益传导至整个社会经济体系。

不仅如此，投资产生的绿色福利还会淘汰落后产能、抑制污染产业扩张，推动产业结构向低能耗、低排放的方向转型，同时环境信息披露渠道的优化也会提高公众对绿色企业的关注度。值得一提的是，投资在带动经济增长的同时，要避免政府财政支出对私人投资的挤出效应，实现投资规模适度、经济增长和福利累积的同步。

此外，生态福利的供给应当摒弃"唯效率论"，将公平公正的生态福利分配作为生态秩序建设的首要原则，保障社会成员既能够享有实现共同富裕的生活和生产资料，又能够享受人类新型经济秩序和新型文明形态带来的利好。

---

①亚当·斯密. 国富论[M]. 严复，译. 北京：北京时代华文书局，2020.
②廖显春，李小慧，施训鹏. 绿色投资对绿色福利的影响机制研究[J]. 中国人口·资源与环境，2020，30（2）：148–157.

第五章　资本流向、就业和收入分配

在资本运动与社会福利增进的框架中交融会通东西文明，有助于将"天下大同"的根本目标镶嵌在人类文明"通约"的构建征程中，从政治、经济、文化、社会和生态等多个维度烙上人类文明的底色。

马克思在《共产党宣言》中指出："世界市场使商业、航海业和陆路交通得到了巨大的发展。这种发展又反过来促进了工业的扩展。""新的工业的建立已经成为一切文明民族的生命攸关的问题。"这深刻揭示了资本流动的全球化对人类生存空间进行着前所未有的拓展，并在此基础上塑造着人类文明形态。

资本流向、充分就业、收入分配与共同富裕和"天下大同"的根本目标紧密相扣。在增进社会福利过程中，投资方通过投资布局引导资本流向，不仅可以实现社会资源的合理分配和有效利用，促进市场经济的繁荣和社会福利的提升，而且可以通过诚实劳动、合法经营、创新创业，激发社会成员创造更多的社会财富，实现充分就业和收入分配。

一、资本的"向善而行"

"善"是一个与正义相缠相绕的概念，人类对正义的认知总是带有主观判断，这种判断的尺度就是善。罗尔斯认为人的"道德力量"与他们具有"公正感"和"善的观念"的能力有关。在一个组织良好的社会里，公民们关于他们自身的善的观念与公认的正当原则是一致的，并且各种"基本的善"在其中占有恰当的地位。[①] 在这个意义上，"向善"是一种伦理道德要求，旨在提供一种人类行动的最高价值取向和最终解决之道。

经济增长和科技进步总是与资本的流动和集聚相伴相生。实现空间扩张是资本运动增殖的必要条件。马克思指出："资本按其本性来说，力求超越一切空间界限。"[②] 资本引发的财富涌流为自然、社会的生产与再生产提供了条件。资本如果向恶，不仅会造成生态恶化，而且可能会引起愈发剧烈的分配不均，造成金融危机乃至整个社会的全面危机。

维多利亚时代的艺术家罗斯金以"生态批评"之笔探讨了英国城市化进程中的种种环境问题以及人的焦虑："在英国，你们脚底的煤炭被输送到每一寸土地，呼啸的火焰在每一个幽谷都曾被点燃。在那些你们经常出没的外国城市中，那些新旅馆和香水店正像麻风病一样侵蚀着四周漂亮的园林和古老的街道。"[③] 环境的"无序"折射出文化

---

①罗尔斯. 正义论[M]. 何怀宏，何包钢，廖申白，译. 北京：中国社会科学出版社，1988.

②马克思，恩格斯. 马克思恩格斯全集（第30卷）[M]. 中共中央马克思恩格斯列宁斯大林著作编译局，译. 北京：人民出版社，1995.

③罗斯金. 芝麻与百合：关于男人、女人及生活的艺术[M]. 王浩，译. 北京：中国友谊出版公司，2009.

的"无序"，解决环境问题必须从"财富观"入手重塑经济运作模式，因为财富的增加不代表非要以个人健康或者日常快乐作为代价。在这个意义上，引导资金"向善而行"呼之欲出。

实际上，在"什么是善"中同时包含着"如何达到善"的问题。合理有序的资本布局及流动决定了人们持有财富的规模和结构。只有对资本布局和使用顺序进行优化，打通道德伦理、资本秩序与共同富裕的内在通道，才能让社会各界真正认识到工业文明带来的诸多问题，通过"资本向善"寻求最大范围的共识，为大同社会的实现提供根本解决方案。

"资本向善"是 ESG 投资的题中应有之义，也是整个市场经济的动员框架和价值导向。资本"向善而行"需要投资方通过控制资金流向，引领资金更多地"停泊"在绿色低碳领域，满足节能减排与环境保护等项目的资金需求，在拉动经济增长与提高国民收入水平的同时，服务于共同富裕的价值观，将资本对人类的关怀置于 ESG 投资的核心地位，展现投资行动增进社会福祉和环境正义的目标。

当投资方对融资方进行综合评估时，融资方在环境和社会层面的达标情况，以及项目上马后可能产生的环境和社会影响都应当被纳入评价体系中。这是一种蕴藏于制度和人心的"善"的机制在发挥作用，推动着投资方将资本注入清洁能源、食品安全和医疗健康等领域，并通过市场体系对资金、技术和人力资源进行合理的空间配置。

资本是生产力发展的润滑剂和倍增器。在实现共同富裕的征程中，ESG 投资将会拉动大量的人力、物资、产品与服务等社会总需求，项目建设完成后又可以为生产提供物质基础与相关服务，创造社会供给，形成国民经济良性循环。投资带来的乘数效应将会使得投资产生的经济增量远高于投资额本身，助力全球总福利的持久提升。

与此同时，ESG投资的研究、运用和投后也应当将社会价值和环境价值纳入考量范围，权衡利益相关者在不同语境中的执行力，把对社会、环境等议题的道德关切融入投资决策、投中建设和投后管理中，打破人类与自然、社会之间的区隔，创造一个可持续发展的大同社会。

当然，我们也应该看到，投资方的价值取向、善恶评价以及由此形成的道德判断和行动必然对资本的形成、使用及增殖产生一定影响。如果投资不能对风险偏好、资本用途、项目环境等各种相互联结的元素进行整体性统筹考虑，就可能会以牺牲环境和生活水平为代价，使得天平持续向逐利的方向倾斜，造成资本流动的"梗阻"。

以会计价值衡量的物质财富的保值增值并不能充分诠释ESG投资在生态文明领域耕耘的广度与深度。物质财富和账面价值只是ESG投资广博功效中的一个有机组成部分。资本的"向善而行"既包含了原始的利润动机，也涵盖了资本流动过程的规范以及财富的公共性原则。资本这匹烈马只有套上道德的缰绳才能超越野蛮增殖的局限，真正服务人的需要。

资本也可以释放人性，以全新的方式运作，创造出多层次的生命体验，它们有的看似静止，有的则明显向着创造新现实的方向运动。所有这一切都是财富在追求影响力和创造融合价值的过程中有意识地流动而产生的结果。[1]在合法、合规、合德范围内流动的资本，充分展现了"向善"的导向与理想，能够突破财务报告中狭隘的收益确定模

---

①艾默生. 资本的使命：资金流、影响力与人本追求[M]. 邱墨楠，译. 北京：中信出版集团，2020.

式，融资方不仅要提供财务报告，还要编制和提供以利益相关者为中心的 ESG 报告，配合投资方共同将资金配置到符合个人良知与社会公德的领域，规避资本偏航可能引发的风险危机。

"资本向善"可以影响投资方的投资决策，并倒逼融资方将善的理念与环境、社会等方面的行动深度融合，在保持生物多样性和生态活力的基础上，让商业规则和市场力量共同推进环境、社会和人类的和谐发展。

二、充分就业的绿色逻辑

一名年轻男子挪动着疲乏的脚步，神情恍惚地朝着小区门口垂头丧脑地走去。失业已经半年多了，高昂的房租快要掏空了他的微薄积蓄，一封封求职简历石沉大海，偶尔的几次远程面试也杳无音讯，还要捱过多少个漫漫长夜才能等来曙光绽放的黎明？只听见那三更夜里，一首低沉忧伤的《梨花诉》萦上心头。

折花入酒，心事对谁诉

清寒拂面，音书托何处

落英铺成的小路

通往职场的旅途

时间啊，这是多么痛的领悟

梨花染红的渡伤心被风误

无人懂得芳菲最后的归宿

清溪雪纷纷，是云还是雾

树枝上的流年谁又守得住

邀白驹与我同驻

七分月三分剑气露

我屹立风口憔悴看日暮

任凭风来妒，斜阳懒回顾

谁又愿意共我这样忧伤这样的角逐

问青春几时留步

英国哲学家托马斯·卡莱尔说："一个人想工作，而又找不到工作，这也许是阳光下财富不平等所表现出来的最惨淡的景观。"失业描述的就是这样一种状态，有工作能力却没有找到工作，它意味着收入水准的降低、经济基础的崩塌以及未来的种种不确定性……

与之相反的概念是就业。对于一个社会体系而言，就业人数越多、就业质量越高，当然就越好。当一切有劳动能力的人都有机会步入工作岗位，获取自己愿意接受的报酬时，各种生产要素都能得到充分利用，这就是充分就业。

充分就业并不意味着没有失业。任何社会经济体在一定阶段上都会存在失业情况，只要这种失业属于间隔期较短的摩擦性失业和结构性失业，社会经济体中的总失业率等于自然失业率时，就可以认定为充分就业状态。

实现充分就业是宏观经济政策的重要目标，也是最大的民生。只有在充分就业状态下，劳动力才能够解放自己的大脑与双手，通过工作中的专业化分工，不断夯实个体技能，在推动经济可持续增长的道路上最终实现共同富裕。

那么如何实现充分就业呢？ESG 投资又将如何影响充分就业呢？当我们回顾 1929—1933 年席卷全球的"美国大萧条"时，关于投资与充分就业关系的思考显得愈发深沉与迫切。

1929 年，美国纽约华尔街爆发的股灾让无数家庭的积蓄顷刻化为乌有，最终演变成为波及整个世界的经济危机，导致长期而大规模的失业。这场经济危机从现实层面否定了市场会自动调节而达到均衡的古典经济学假设。为此，凯恩斯从货币流通领域入手研究，认为失业存在的原因在于有效需求不足，而有效需求不足又是边际消费倾向递减、资本边际效率递减以及流动性偏好所致。政府应当借助货币政策控制货币量、调节利率，并通过赤字财政政策扩大政府投资，进而带动私人投资，促进经济增长，实现充分就业。

摒弃自由放任的经济思想并强调政府干预经济的重要性构成了凯恩斯就业分析框架的底色。从根本意义上来说，这种分析框架与孔子"执其两端，用其中于民"的中庸思想不谋而合，成功地将实现充分就业和扩大投资两相交融。投资的就业量的增加必然会推动生产消费品的行业，从而会导致总就业量的增加，而增加的总就业量是投资本身所造成的初期就业量的若干倍。[1]或许可以这样说，增加投资引发的就业率提高，也会带动全社会生产要素的充分利用，从而提高投资回报率。因此，弥补有效需求不足的主要途径是使投资品的生产增加，从而促使就业和收入水平增加，进而带动消费增加，消费品的生产增

---

①凯恩斯. 就业、利息和货币通论[M]. 宋韵声，译. 北京：华夏出版社，2012.

加又可以增加新的就业。

在马克思主义政治经济学视域中，投资对就业的促进作用主要包括三个方面：一是资本有机构成提高必然伴随着剩余价值率的提高，加速资本积累，进一步扩大对劳动力的需求，增加就业；二是技术创新引起相关生产部门规模扩大与新产业兴起，创造劳动力新需求；三是技术创新降低生产成本和产品价格，产品需求上升，为增雇工人创造条件。

作为影响就业结构的重要投资类型，ESG投资意味着资金从高投入、高能耗、高污染、低效益的产业转向高产出、低能耗、少污染的产业，在推动低碳产业发展的同时催生新型产业和新的就业方向，对劳动力资源进行优化配置。一方面，技术创新会逐步淘汰传统生产部门与生产方式，相应的就业岗位也必然不断减少；另一方面，新技术在产生、扩散与应用的过程中会创造出大量新的就业岗位吸纳劳动力，故"就业工人人数的相对减少和绝对增加是并行不悖的"。[①] 在这个意义上，ESG投资虽然在短期内可能会消灭一些传统就业岗位，但是从长期来看，新技术对就业的创造效应最终会大于挤出效应。

当原本可能流入高耗能、高污染行业的大规模资金，分流进入以生态农业、水资源回收、环保新材料、可再生能源为代表的绿色项目时，不仅可以通过投资的乘数效应增加产出，项目建设中对人力、物资、产品与服务的需求能够加快生产要素的合理配置，从而拉动社会总需求，带动相关领域的就业分布和行业布局，并转化为国民收入的增长，而且在项目建设完成后，又可以提供社会需求，创造社会供

---

① 马克思. 资本论（第1卷）[M]. 中共中央马克思恩格斯列宁斯大林著作编译局，译. 北京：人民出版社，2004.

给，形成国民经济的良性循环。

绿色逻辑支配下的充分就业追求的是生态阈值内的充分就业，是将自然与社会纳入一个紧密相连的生命共同体中的充分就业，蕴含着以人与自然和解为导向的生态理性，将人的全面发展、社会进步以及生态环境的保护利用统筹于一个有机体。当经济发展效率在生态规模承受范围内时，需要将生态系统的自然资源引入经济系统；当经济发展超出生态规模范围时，则需要减缓经济步伐，推动部分自然资源回流生态系统。

ESG举措可以帮助企业在竞争对手中脱颖而出，并帮助重点企业获得相对于竞争对手的竞争优势。例如，ESG行动通过引入新的创新，使公司在其行业中具有竞争力。[1]这种竞争力主要体现在企业声誉带来的市场需求以及技术创新带来的单位成本下降。"ESG通过建立道德资本来改善公司形象，道德资本以多种形式吸引资源流动，包括财务、人力和技术。"[2]从长期来看，ESG投资带来的技术进步和创造的新就业岗位会降低工业部门的产出和就业占比，并增加服务业部门的产出和就业占比，从而促使第三产业创造的经济价值在国民经济中的比重提高，实现产业结构的优化调整。

当然，我们也应该看到，绿色经济扩容对绿色人才的标准要求也会急遽提高，原先在工业部门就业的人员可以在一定程度上填补空缺，但需要进一步从供给端提升劳动力技能素质、强化职业技能培

---

[1]Laharish Guntuka. Inter-firm ESG rivalry: A competitive dynamics view[J]. Sustainability, 2022 (14): 1-17.

[2]Sofia Karagiannopoulou, Nikolaos Sariannidis, Konstantina Ragazou, et al. Corporate social responsibility: A business strategy that promotes energy environmental transition and combats volatility in the post-pandemic world[J]. Energies, 2023, 16 (1102): 19-21.

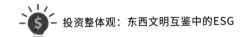

训，从根本上推动劳动力要素与新就业岗位的耦合。

经济学界和投资业界应当更加深入地探究 ESG 投资与充分就业的深度联系，识别各环节的逻辑关系链及其作用机理，从供给和需求两端共同发力，解决 ESG 投资在驱动新就业形态时产生的结构性就业矛盾，力求在适中的经济发展效率和可控的生态规模前提下，始于"天人合一"，终于共同富裕和"天下大同"。

三、收入分配的沉思

亚当·斯密认为经济学有两大目标：一是创造财富以富国；二是分配财富以裕民。如果说创造财富是通过"做大蛋糕"为实现共同富裕奠定物质基础，那么分配财富则是通过"切割蛋糕"推动财富布局体现"公允价值"。

"做大蛋糕"体现的是社会化大生产带来的物质文明积累，尽管不同的人在创造物质财富过程中付出的智力、资金、技术等各不相同，但是从实现大同理想的维度上来看，"总体蛋糕"的做大是为了人人皆能富裕，因此"做大蛋糕"实际上也是做大具有共享性的"公共利益"。

问题在于，一部分人通过"做大蛋糕"先富起来了，占据了财富金字塔的顶端，而绝大部分人还没有达到富裕程度，那么，"先富"应当如何带动"后富"，最终实现向共同富裕转变呢？"事实上，我们努力的结果却是在拉大贫富差距。地球上 12 亿最为贫困人口的消费额仅占全球经济消费额的 1%，但 10 亿最为富裕人口的消费额几乎占据全球的 3/4。全球 62 个最富裕的人拥有的财务，相当于 36 亿全球最贫困人口的所有财富总和。"① 因此，构建一个更为公平高效的收入分配框架，对"总体蛋糕"进行合理分配，成为从根本上解决收入差距扩大问题的"不二法门"。

在马克思主义政治经济学视域中，生产、分配、交换、消费的良性循环对于刺激经济增长和累积社会财富具有正向作用。这也为人类立足三次分配视角，审慎剖析收入分配和共同富裕的关系提供了根本依循。正是在这个意义上，优化分配指标评估体系和共同富裕指数测量方案也显得尤为紧迫且富有意义。

一次分配主要是以生产活动中的企业为分配主体，基于劳动力、土地、资本、技术、数据等生产要素的原始性，在市场运作机制下，按照各自的贡献将国民生产总值在国家、企业、个人之间进行分配。不过，一次分配是以效率优先为导向，个体禀赋差异可能会导致收入差距拉大。

二次分配是政府基于整体均衡的强制性，在一次分配的基础上对要素收入进行再次调节的过程，包括转移支出、个人所得税缴纳和社会保障缴费等，是对一次分配体系造成的失衡的纠偏。不过，二次分配过程中行政、税收和财政支出的层级审批以及政府对市场经营活动信息的收集分析等都会增加相应的成本。

三次分配强调的是一部分先富起来的人主动自觉地将已经积累起来的财富用于中底层的投资或资助，是个人在一次分配和二次分配中获得合法财富后，再自愿自发地通过向公益慈善组织或有需要的困难群体捐献款物、购买公益彩票等方式回报社会。三次分配是由道德力

---

① 鲍达民，霍维斯，基平. 反思资本主义：构建可持续的市场经济[M]. 刘晓梅，白竹岚，王洪荣，译. 北京：机械工业出版社，2018.

量或公益精神主导的社会成员之间互助友爱的集中表现，能够促使资源和财富在不同群体间实现"微循环"。

如果将整个收入分配体系视作人体组织，那么一次分配发挥了类似造血的功能，二次分配起到了体液平衡作用，三次分配则是通过"微循环"效应影响着人体"小宇宙"能否保持长期可持续的运转状态。

若是将ESG投资放置在东西文明会通的视野下加以审辨，主要依赖资本所有者伦理道德水平的三次分配将成为论述的重点，因为文明从根本意义上来说是包含道德和伦理在内的一切能够使人类脱离野蛮状态的社会行为和自然行为的总和。ESG投资对"天下大同"文明的推进恰好与三次分配的精神内涵深度嵌合。

国民收入的大小和国民收入在社会成员中的分配情况在很大程度上会影响社会的总体经济福利。较之一次分配更关注效率、二次分配以强制性促进整体公平正义，三次分配体现了社会成员自发救助弱势群体，参与财富流动的精神追求。

在这个意义上，ESG投资不仅通过拉动经济增长为收入分配奠定了物质基础，同时将社会责任理念贯穿到投资行动中，在三次分配过程中，把企业净利润或个人可支配收入的一部分通过慈善捐赠、志愿行动等途径主动向弱势群体让利，实现社会财富的重新配置。

共同富裕不是单一维度的富裕，而是多个维度和领域的富裕。投资方将资本用于公益投资和绿色投资的比例越高，相应的社会福利就会通过生产、整合、递送最终惠及全民，弱势群体的福祉得到实质性改善也就意味着对社会财富极化局面的规避。

孔子认为，"足食，足兵，民信之矣。"只要粮食和军备充足，百姓就会对政府有信心。墨子说，"有力者疾以助人，有财者勉以分人，有道者劝以教人。若此，则饥者得食，寒者得衣，乱者得治。"在市场调节与政府调节都可能存在失灵的领域，三次分配蕴含的同情怜悯观与中华文化"均无贫，和无寡，安无倾""为善乡里""邻里相帮"的理念同声相应，把实现共同富裕、"天下大同"的理想与济世救民联系在一起。在这个意义上，三次分配是对中华优秀传统文化的价值回归。

社会学家库利说，"一个胸怀宽广、能体察全民族生活的人会觉得每个阶级的人的动机就是他自己的动机，会像吃饭一样自然地去尽力为他们服务。"[①]如果这种对弱势群体的关爱能够通过人与人的交流逐渐形成社会认同，并普遍落实到共同富裕的奋斗征程里，就能够在资金、服务、技术等社会资源的供给与再生中，形成更加完善的社会秩序。

在遵循市场秩序的情况下，先天禀赋与后天资源上占据优势的群体能够为社会提供价值更高的经济贡献，相较之下，处于竞争劣势的群体则会表现出物质保障与机会支持的缺乏。如果社会制度文化和伦理价值体系不能介入其生活意义和生命价值的发挥，弱势群体将更加难以改变被边缘化的命运。

三次分配是一种以道德力量与习惯作用主导的收入再分配方式，通过"损有余以补不足"服务于金字塔底层民众的生存需求。虽然三次分配在当年整个社会财富中占据的份额较小，却是一次分配和二次分配的重要补充，弥补了社会底层群体因贫富差距导致的心理落差。

---

①库利. 人类本性与社会秩序[M]. 包凡一，王源，译. 北京：华夏出版社，1989.

因此，ESG投资对社会责任的践行意味着既要以身作则，牵引投资行业和高收入群体投身慈善事业，也要激发投资项目关联的中低收入群体的参与热情，展现人类向善路上的共同价值观。

在超越财富分配的高维框架中审视三次分配，投资方不仅是财富的临时保管者，也是社会福利治理中最活跃、最积极的代表。厉以宁在谈到三次分配时，曾举过一个例子。[①]

假定某一个投资者在一个经济较不发达的县或乡镇办了一家企业，同时他又捐款在那里办了一所学校或一家医院。前一种投资是市场行为，基于市场的考虑；后一种投资（捐赠）是公益行为，出于道德方面的考虑。

但两种投资可能有某种联系，这就是：（1）办了学校，将会提高当地的文化教育水平，提高劳动力素质，对企业的发展有利；办了医院，将会改善当地的医疗卫生条件，使劳动者的体质增强，减少疾病率，提高出勤率，从而也有利于企业的发展。（2）有了学校和医院，企业职工队伍稳定了，企业对人才的吸引力增加，这也是对企业发展有利的。（3）同一个投资者，在兴办企业的同时又在当地办了学校和医院，将增加当地人民对该企业的好感，公共关系的改善对企业的发展同样是有利的。

上述案例呈现了这样一种事实：投资创造的财富通过慈善组织、公益组织流通到社会的各个角落，不仅带动了当地的经济发展和人才

---

①厉以宁. 超越市场与超越政府——论道德力量在经济中的作用[M]. 北京：经济科学出版社，2010.

建设，而且有助于提升企业的美誉度。也就是说，投资可以突破传统社会财富仅仅在亲情伦理塑造的"小我共同体"中分享的窠臼，推动财富更多地从高地流向低洼地区，漫灌到"大我共同体"之中。

如果说一次分配是基于利益驱动，二次分配是由于受到法律责任的硬性约束而必须采取的行为，那么三次分配机制的运作主要是基于道德信念约束，以自愿为基础。因此，政府不仅要扩大慈善捐赠的税收优惠主体范围，加大慈善捐赠的税收优惠力度，简化慈善捐赠的税收优惠程序，还应当注重培养全民慈善精神，构建国家、市场、社会等多元主体共同参与和互动合作的框架。ESG 投资方应当秉承"义利并举"的文化理念，在拉动经济增长的同时，将财富能量有机地嵌入社会规范体系，服务于人类世界的运转秩序。

四、利他投资何以可能

在政府与市场出现之前，地球上的生产和分配秩序是怎样的？那些丛林荆棘中手持木矛火把、呼声震天的围猎场景，那些荒原水泽旁高奏凯歌、群体分食的画面，显示了人类的祖先正在按照习惯力量或者道德力量进行资源的分配，并调整彼此的关系。

达尔文在《人类的由来》中提到，"如果一个部落拥有许多成员，他们经常出于爱国主义、忠诚、顺从、勇敢和同情而准备着为别人提供服务，和为了普遍的福利而做出牺牲，则它就会超出其他民族而获得胜利。这一点，可能是自然的育种选择。"[1] 这种不带有明显自私动

---

①达尔文. 人类的由来（上）[M]. 潘光旦，胡寿文，译. 北京：商务印书馆，1997.

机的互助扶持，甚至不惜为了公共利益损己利人的行为，就是一种利他主义。

对于利他主义，我并非意指不幸的自我牺牲，而只是一种无须在别有用心的动机下考虑他人利益的行动意愿。[1]在维持人与人之间的合作劳动，提高族群生存竞争能力方面，利他主义发挥着居功至伟的作用，是一种达人惠己的品质与行动。如果有两个种群同时面临巨大的灾变或生存竞争时，我们完全可以合理地推导出具有利他主义的生物种群会拥有更多的生存适应性，基于献身与关爱建立起来的生存秩序会远远超越各守一方、互相击斗的混乱与支离。

在生存压力特别巨大的环境中，我们的原始祖先不得不进化出一种超越囚徒困境的特殊行为模式，而由所谓强互惠者实施的利他惩罚就是其中之一。利他主义由于其显而易见的伦理和道德意蕴，往往被人们视为一种"应然"，从而纳入规范性分析的范畴。但就其维持合作剩余不可替代的效率来说，它在事实上仍然体现了一种"实然"，应该纳入实证性分析的范畴。[2]当个体感受到他人的慷慨恩惠时，在一定程度上能够激活自身的感恩情怀并将这种积极心理资源转化为利他行动和个体幸福感，通过源源不断的"爱出者爱返"和"人人为我，我为人人"的道德信念，为资源分配提供一个超越短期利益的价值框架和循环视角。

如果说前面谈到的三次分配是一种自发或偶发状态下的利他，那

---

[1]内格尔. 利他主义的可能性[M]. 应奇，何松旭，张曦，译. 上海：上海译文出版社，2015.

[2]金迪斯，鲍尔斯. 人类的趋社会性及其研究：一个超越经济学的经济分析[M]. 浙江大学跨学科社会科学研究中心，译. 上海：上海世纪出版集团，2006.

么这里所谈的利他更多的是一种从人类本质出发的利他。人类凭着同情心就可以产生合作秩序，人与人之间可以通过同情心的相互作用，形成某种具有合宜性的规则和秩序。正是在这一价值视角下，"利他投资"这一概念的提出才具有正当性与紧迫性。

投资包含着大利与小利，小利是个体和少数人之利，大利是人类全体之利。一般来说，人们普遍认为社会性决定利他，动物性决定利己。文化进化的意义在于让人凸显人性、扩大神性和限制动物性。[①]但是，在实验中也发现一些动物会对彼此的苦难或危险表示同情。让猕猴拉动一个链子而得到有一个获取食物的机会，但会对其同伴产生电击——猕猴宁愿挨饿好几天也不愿拉动这个链子。[②]动物尚且如此，拥有文明教养的人类更应生起利他精神。"在儒家文化里，所谓利他主义，是说我可以满足我的利益领域，多出来的资源我可以帮助他人；己欲立而立人是说我要完成我自己的人格，就必须要帮助他人完成他们的人格，没有第二条路可走。"[③]其中，"仁"包含着"合理的利他主义价值观"，具有某种永恒的公共精神。

"子罕言利，与命与仁"[④]，孔子很少谈论利，却赞许命和仁；他认为"放于利而行，多怨"[⑤]，如果依据个人利益去做事，会招致很多怨恨。这里的"利"都是指的"私利"和"小利"。

《论语·雍也》中说："子贡曰：如有博施于民而能济众，何如，

①李录. 文明、现代化、价值投资与中国[M]. 北京：中信出版集团，2020.
②Nicholas W. Scientist finds the beginings of morality in primate behavior[N]. The New York Times，2007-03-20.
③杜维明. 文化中国：扎根本土的全球化思维[M]. 北京：北京大学出版社，2016.
④中华文化讲堂. 大学·中庸·论语[M]. 北京：团结出版社，2014.
⑤中华文化讲堂. 大学·中庸·论语[M]. 北京：团结出版社，2014.

可谓仁乎？子曰：何事于仁，必也圣乎！尧舜其犹病诸。"[1] 比"仁"更高的一个境界是"圣"，它要求在"博施于民"的基础上加上一个"济众"的层次，这是站在万物一体的视角思考问题。

《孟子·尽心上》中提到："君子之于物也，爱之而弗仁；于民也，仁之而弗亲。亲亲而仁民，仁民而爱物。"[2] 孔子的"济众"与孟子的"爱物""仁民""亲亲"讲的都是"利万物"之"大利"，将"义利统一"与"家国一体"融会贯通，为万物互联时代商业、社会和生活的运转方式提供了丰富的思想资源。

青春常驻、腰金衣紫、财富绵延……人类都向往恒常、圆满的人生，然而现实却往往充满着无常。杜甫在《赠卫八处士》一诗中这样写道：

> 人生不相见，动如参与商。
>
> 今夕复何夕，共此灯烛光。
>
> 少壮能几时，鬓发各已苍。
>
> 访旧半为鬼，惊呼热中肠。
>
> 焉知二十载，重上君子堂。
>
> 昔别君未婚，儿女忽成行。
>
> 怡然敬父执，问我来何方。
>
> 问答乃未已，驱儿罗酒浆。
>
> 夜雨翦春韭，新炊间黄粱。
>
> 主称会面难，一举累十觞。

---

①中华文化讲堂. 大学·中庸·论语[M]. 北京：团结出版社，2014.

②孟子. 孟子[M]. 方勇，译注. 北京：中华书局，2015.

十觞亦不醉，感子故意长。

明日隔山岳，世事两茫茫。

公元 755 年，屡试不第的杜甫终于在 43 岁时得到了一个负责看管兵器和大门钥匙的小官职——右卫率府兵曹参军。就在这一年，他的小儿子被活活饿死。接踵而至的安史之乱更是让全家流离颠沛，他先是被叛军俘虏，脱险后被唐肃宗授予左拾遗的官职，不久又被贬为华州司功参军，正是在这里，他偶遇少年时代的友人卫八处士，一夕相会又匆匆告别，感慨人生聚散不定、世事沧桑。

佛家认为，人生有八苦，分别是生、老、病、死、求不得、怨憎会、爱别离、五阴盛，这是每个尘俗生命必须面对的无常。人类只有以利他之心做事，放下对世俗名闻利养的追求，才能超越人生之苦，最终实现内心的解脱和平静。基督教则认为，爱是来自上帝的神圣的命令，利他是对众生的爱。

"人伦文化与自由文化的不同精神气质预制了儒家与基督教两种利他主义的不同轨迹，人性之善与人性之恶、仁人之性与爱之神性、修身在己与救赎在神、道德践履与精神信仰、伦理宗教与宗教伦理等织就了思想的不同经纬，彰显着人之本与神之本的本质区分，折射出道德由下往上与从上往下的不同轨迹。"[1] 但是这并不妨碍用慈心、爱心和恻隐之心去关爱宇宙万物，正是因为将自己设身处地放置在他人的境遇中体验，才能产生无限的悲悯和同情。如果缺乏这种对生命的终极关怀精神和同体大悲的心灵皈依，人类将无法精彩地演绎自己的

---

①林滨. 儒家与基督教：利他主义比较研究[M]. 北京：人民出版社，2011.

生命，因为利他就是利己，损他就是自损。

对于有知觉、有益的生物，我们衷心期盼它们的快乐；对于它们遭遇的不幸，我们也会同样感到难过。而对于有害的生物，我们则会自然而然地产生憎恨——这种憎恨实际上是由我们对于万物的仁爱之心产生的。因为我们对那些有益而有知觉的生物所遭受的不幸感到万分同情。[1] 亚当·斯密在《道德情操论》中用同情的原理来解释人类正义感和其他一切道德情感的根源，认为同情心使得利他行为存在，是社会得以维系的基础。人类只有在心中具备了慈悲的情愫，才能在必要时主动或本能地抛弃自己的幸福甚至生命。

当ESG投资被放置在一个增进人类福祉的思考框架中进行解读，利他投资的底色就显得不言而喻了。"利他主义价值观和行为之间的关系也适用于投资决策。社会责任感强的投资者更喜好为慈善机构捐更多的款。这些投资机构是因为从根本上受到了激励，在无私价值观的驱动下而参与社会责任投资。"[2] 投资机构应当在制度政策、环境辨识和个体偏好等多重因素的博弈中搭建社会总体价值最大化的复合函数，立足宇宙背景谈功利和大利，超越企业组织承担起更大范围的社会责任。

笔者眼中的利他投资并不是拒斥自利，而是反对将自利当作唯一动机的单向度思维方式，主张全面认识人的社会性存在和多层次需求，赋予投资行为道德与正义，防止人与人之间的多样化关系被"物质利益至上"的价值观异化，通过利己与利他的搭配权重，体现万物

---

①亚当·斯密. 道德情操论[M]. 胡乃波，译. 北京：华龄出版社，2018.

②Daniel Brodback，Nadja Guenster，David Mezger. Altruism and egoism in investment decisions [J]. Review of Financial Economics，2019（37）：121.

互联的价值观。

ESG 投资理念或许只是利他精神在投资领域的一种观念反映。它既追求有利于人类发展的物质财富，也蕴含着人与自然和谐相处的良性价值观，打破了以往追求单一经济利益而忽视环境保护和社会效益的投资方式，试图通过引导多重参量的协同，促进生态问题和社会问题的解决，实现充分就业和公平公正的收入分配。

只有将利他精神融入投资方的运作模式中，我们才能真正认识到金融机构受托管理的财富实际上是社会劳动果实的货币化体现，是一种"大利"。投资方应当平等看待自身与融资主体、社会民众的关系，摒弃某种维度上的甲方优越感和居高临下、贡高我慢的施舍姿态，而是要生起"摩顶放踵利天下"的"大我"之心，真正关怀投资给人类带来的连锁价值。

人类的非理性、非自利行为与理性、自利行为一样，都是通过漫长的自然选择而逐渐内化于我们心智中的禀赋，是人性中不可忽略的组成部分。或许投资机构应当经受这样的拷问：能否优化提升自身在三次分配中的作用，不仅包括慈善捐赠等外财布施，也包括为公益项目的运转提供技术帮助、扶持成果转化等企业孵化性质的内财布施，将利他的道德行为与利己的经济行为统一起来，让增进人类福祉的命题在正义与道德维度中不断求取新的答案。

第六章　资产配置、绿色增长与企业家精神

　　怀着对共同价值秩序的期望，我们将资产、环境和企业家这三种看似毫无干系的对象放置在资本运动与社会福利增进的宽广视角中加以审视。

　　资产、环境和企业家代表了三种不同属性的事物。资产属于一个相对抽象的概念，包括现金、房产、证券、机器设备、知识产权等在内的能够以货币计量的资本和财产，在本书中主要指狭义上的以货币计量的资本。环境是客观存在的各种自然因素的综合，通常是指我们能够直观感受到的一切自然环境和社会环境。企业家是对企业战略有着明晰认知，在市场大潮中勇于搏风击浪的灵魂式人物。

　　谈及资产概念离不开对资产配置理念的剖析，谈及环境也会涉及绿色增长的福利，谈及企业家离不开对企业家精神的弘扬。资产配置理念对投资组合的赋能意味着不同数量的资本流向多种多样的产品和领域，通过推动环境改善与践行社会责任能够发挥资本干预社会现实、增进社会福利的功效，而这一切都与企业家精神深度扣连。因为没有胸怀家国、躬身开局的企业家精神，就不可能在真正意义上把握

ESG 的内涵，并对企业文化进行陶铸，就不可能真正驱动资本向善，推动经济价值、社会价值与环境价值的整合共享。

一、资产配置的组合思维

一名脾胃虚弱的患者刚刚吃完早餐，突然就有了腹泻的感觉。他用手轻轻按压肚皮，强忍着一阵阵翻江倒海般的疼痛，头部也微微地渗出了汗，迈着碎步，跌跌撞撞地冲进了卫生间……

针对患者食少便溏的情况，医生开出了这样的药方：炒白术 15g、党参 15g、茯苓 20g、炒白扁豆 15g、陈皮 12g、炒山药 15g、炙甘草 12g、莲子 6g、砂仁 12g、炒薏苡仁 20g、桔梗 10g、柴胡 9g、炒白芍 12g、枳实 12g。

按照一周七副药计算，去药房采购大概需要四五百元。如果从药材组成上来看，这个方子主要是温养脾胃兼疏肝理气。其中党参、茯苓、炒白扁豆、炒山药、炙甘草、莲子、砂仁、炒薏苡仁、桔梗就是中成药参苓白术散的配方，具有补脾胃、益肺气的功效，而炒白术、陈皮、柴胡、炒白芍、枳实完全可以用疏肝解郁的逍遥散（白术、柴胡、炒白芍、甘草、当归、茯苓）来替代。也就是说原方只是多了陈皮和枳实两味理气的药，如果直接购买参苓白术散和逍遥散两种中成药，只需要几十元钱。

虽然中药汤剂的功效优于中成药，但是由组合方式差异带来的决定性成本优势还是会对消费者产生较大的吸引力。实际上，中药方剂的组方配伍就是增强或改变某个单一药物的功用，通过不同药材的"四气五味"与"升降浮沉"融合所形成的能量对人体进行纠偏。"设人身之气偏盛偏衰则生疾病，又借药物一气之偏而调吾身之盛衰，使之归于和平则无病矣。"① 因此，合理的中药组方一定要在整体顶层设计下进行精准配伍，而不能任意组合、随意加减。

由此可见，组合是对多个事物融糅后形成的一个新的整体，这个新的整体拥有单个事物所不具备的特质。组合思维在日常生活中随处可见，汽车轮胎是橡胶、帘布层、化学添加物和钢丝的组合，空气是氮气、氧气、稀有气体、二氧化碳以及其他物质的组合，人类赖以生存的宇宙是时间和空间的组合。

在海洋油气勘探中，为了寻找储量丰富、成本精简的项目，投资驱动之下的勘探行为往往会聚焦富烃凹陷、油气成熟区和滚动区找寻最优组合，这些项目在满足费用预算、规划目标、约束条件和商业原则下彼此连接，形成不可分割的整体。

任何事物都既是组合的结果，又是被组合的对象。如果说投资组合是一个涵盖多种金融资产的集群，那么资产配置就可以视作建立投资组合的方法与工具，它意味着投资方可以将资产按照一定比例分配于不同种类的有价证券或同一种类有价证券的多个品种之上，以期在有效控制风险的情况下获得最优的组合收益。

当债券、股票、基金、股权等各式各样的资产带着不同的波动特征映入眼帘时，采取什么样的资产配置方法构建行之有效的投资组合成为横亘在投资者面前的一道考题。构建投资组合不是对资产简单地做加法，而是要全方位、多角度地探索不同资产的属性，通过科学合理的资产配置框架赋能投资组合。

---

①唐容川，唐宗海. 本草问答[M]. 陆拯，注解. 北京：中国中医药出版社，2013.

从根本意义上而言，搭建资产配置框架需要将经济周期、资产收益率、行业轮动等多重因素纳入一个精准的数量模型中进行综合考察，将风险控制在可接受范围之内，这对于追求阿尔法收益和可持续价值的 ESG 投资来说具有重要的参考价值。

"绿色"是资产配置促进环境与社会福利增长的最亮的颜色。"绿色投资有利于使投资、生产、产出的各环节以及组织管理机制等各方面都绿色化"。[①] 绿色资产包括公开发行的绿色企业股票、私募绿色股权项目、绿色基础设施项目或者绿色基础设施基金。增加对绿色资产的投资，不仅能够优化投资组合的风险及收益，也有利于阐扬生态观念，为万物生长营造适宜的环境。

从获取风险溢价角度来说，ESG 投资是投资方为了消弭投资中可能存在的"风险敞口"而采取的一种"道法术器"，是兼顾财务回报与环境、社会因素的投资伦理规范，推动资金流向可以实现环境改善的项目。因此，对于那些尚未践行 ESG 的投资机构，可以尝试在投资组合中构建含有一定比例的绿色资产，以此实现投资的分散化和套期效应。

伦敦商学院教授艾德曼基于系统风险、账面市值比、市值规模以及动量因素的四因子模型，采用美国 100 家最佳雇主公司 1984—2009 年的数据构建了一个 ESG 主动管理组合。该组合相对于无风险收益率有 3.5% 的阿尔法收益，相对于行业基准收益率有 2.1% 的阿尔法收益。

绿色保护和社会责任的协同视角为阿尔法收益和可持续价值的有

---

① 董正信. 绿色投资[M]. 北京：中国环境出版社，2016.

机统一提供了理念支撑。对于希望通过 ESG 投资降低风险的投资方来说，可以通过"负向筛选策略"和"标准筛选策略"剔除不符合标准的融资方。对于 ESG 机会寻求者来说，可以运用"可持续主题投资策略"专门投资某些可持续发展的主题资产，运用"ESG 整合策略"将 ESG 因素整合到财务、估值分析和投资尽调过程中。

从长期来看，环境风险低、公司治理结构较完善的公司在财务绩效、生产效率、创新潜力等方面表现往往更优，许多研究均能佐证 ESG 绩效与利润之间的强相关性。无论是投资方采取跟踪绿色指数成分股的被动投资方式，还是根据一定标准主动筛选融资方的主动型投资方式，都会提高环境和社会责任表现良好的公司市值，降低这些公司的融资成本。

马克维茨的均值－方差投资组合模型、夏普的资本资产定价模型和罗斯的套利定价理论，都曾为现代投资组合实践提供了重要参照。值得我们高度关注的是：基于数学和统计学运算得出的投资组合有效边界是否可以满足投资对收益、风险和 ESG 的诉求？是否能够真实反映金融市场的运行原理？

从理论上来说，ESG 投资组合致力于以最小风险取得最大收益，其有效性边界不仅由各类绿色资产的预期收益、波动性以及资产间相关系数共同决定，而且需要协调投资方的"受人之托"中介属性与社会责任之间的潜在矛盾，实现股东与企业价值共创。

有效边界上的投资组合点，代表了在某一确定风险水平下可以获得最大收益的资产配置选择。ESG 投资方根据资金的风险承受度在太阳能、风能、水能等新能源领域构建绿色投资组合，能够限制资金流向"两高一剩"领域，为全球可持续发展提供资金。

这里存在一个值得探讨的"资产茧房"话题。因为对投资方来说，绿色资产未必就是盈利的资产，当投资方采用"环境友好策略"增持绿色资产时，一系列项目筛选标准在优化资产品类的同时也会将融资方限定在一个相对封闭狭隘的范围内，如桎梏于"茧房"中的蚕蛹，可能导致投资组合不能充分分散风险。但是对于环境提升与社会责任践行来说，从犬牙交错、纷呈多样的资产中优选绿色投资组合似乎也只能是一个单向度的路径。

当然，我们还要警惕多种"漂绿"现象。当下林林总总的 ESG 投资项目分类目录里是否存在可能引起争议的绿色资产？是否存在融资方打着宣传噱头以偏概全的诱导？是否存在制定过高的碳减排量基准线，从而夸大项目减排量的情况？是否存在将具有绿色属性的正常投资行为包装为碳减排行动的情况？是否存在投资端、供给端、需求端碳减排多重计算的情况？

以上问题的解决还是需要投资方遵循绿色资产配置理念，在建立绿色投资组合过程中，融入更多环境与社会责任的动态指标，让一个又一个项目投资回报率的增长是真正因为 ESG 理念在各环节的贯通落地而实现的，推动投资项目从"不可以投"到"可以投更多"的转型升级。

二、投资收益"三重门"

如果说资产配置是通过对有限资产的合理搭配，实现风险分散状态下投资回报最大化的运作行为，那么投资收益就是资产配置带来的投资结果，是把可用的资金和已有的资产种类按照提前设计的比例组合在一起实现的回报。

ESG 投资方为了求取更高的投资收益，总是乐此不疲地奔走在实现绿色增长和社会责任的道路上，对资产做出一种事前的、整体性的、最能满足自身和利益相关者需求的规划安排。正因如此，我们立足财务、绿色和风险三重视角，将目光锁定投资收益最大化的生成路径，因为丰厚的投资收益是社会福利的有机组成部分。

首先，开启"财务之门"是将投资收益放置在财务会计原则的规范和约束之下进行剖析。

作为财务会计科目的"三张表"，现金流量表、资产负债表和利润表充分反映了一个企业的财务状况、经营成果和现金流量，都是以一个企业的会计账簿、会计凭证和其他会计信息编制的。

作为利润表的一部分，投资收益是投资者进行投资所取得的经济利益，反映了一定期间内企业的经营活动收入和成本变化情况，主要由公司获取的股利、利息、利润分享以及处置时的投资净收益等收入组成。

投资收益有多种分类，其中最常见的还是根据其来源分为利息收入，分红收入和价差收入。但是在财务报表上，企业应当记录年度投资收益总额、不同投资来源获利金额以及获利或者亏损时缴纳的税费，包括金融资产的利息收入、股利收入和外汇兑换收益等可测量收益以及投资产生的直接和间接收益等不可测量收益。

这里值得注意的是，在投资收益的财务处理过程中，不同类型的投资需要不同的财务处理方式。投资机构必须考虑如何公平地估值金融资产，比如，交易性金融资产的公允价值变动应当计入财务报表的当期损益，一旦确认为交易性金融资产后，不得转为其他类别的金融资产进行核算。

其次，跨入"绿色之门"的投资收益为我们通过多元回归或者一元回归探讨大量数据间的相互作用关系提供了依凭。

回归分析是基于各指标对应的数据序列，通过大量数据分析找寻指标序列间潜在的关联及规律，从而构建回归预测模型，对未来目标序列进行预测分析。

建立绿色投资收益分析模型就是要对投资项目全生命周期的现金流量进行统计分析。在考虑各种税费后，得出项目税后净现金流量及累积净现金流量，通过项目投资现金流量表计算出不同碳减排程度下的财务内部收益率和财务净现值，进而绘制出环境改善与项目收益率、净现值之间的变化关系曲线，并从曲线上找到项目最优配置金额和最大收益率，为投资决策提供数据支撑。

实际上，在绿色投资收益分析模型中，投资额是自变量，环境技术指标是因变量。由于相关指标与目标序列的关系较为复杂，往往不能用精确的数学关系加以明确表达。例如，一些清洁能源项目不仅受到宏观经济发展的影响，也会受到新能源使用峰谷的影响，存在因季节性而导致的数据序列周期性波动。

为此，笔者更倾向于引入其他对目标序列产生影响的因素，提升对目标序列的预测精准度。在进行绿色投资收益预测中，将投资金额作为系统的行为变量，选择出对行为变量影响较大的相关因素，并对所得序列集进行预处理，经过一阶累加得到累加序列，得到相应年份所对应的绿色投资收益，从而将项目带来的环境改善指标纳入绿色投资收益模型中。

最后，顺利穿过"风险之门"是实现投资收益最大化的重要保障。

关于风险的定义五花八门。有人认为风险就是资产标的波动性，当投资者受波动性影响做出一些"追涨杀跌"的非理性行为时，纸面上的浮盈浮亏就会转变成真实的风险；也有人认为风险是资产损失的可能性，是不确定性概率与不确定性结果的乘积，通过数理推演可以最大限度地计算并规避风险。

总而言之，人类生活在一个充满不确定性的世界中，与不确定性相伴而生的就是风险。但是风险与不确定性这两个范畴又存在实际区别，"在风险中，一组事实中的结果分布是已知的，但对于不确定性来说，这一结果是未知的。"[①] 一般来说，投资收益的标准差越大风险越高，标准差越小风险越低。经济的周期性波动、宏观政策变化、利率变动、通货膨胀、汇率波动，债券投资中的信用风险和股票投资中的基本面风险都可能引发投资风险。正是由于风险的消极负面特征，致使许多人不能客观审慎地看待投资市场，在机会面前踟蹰犹疑而失之交臂，或者长驱直入而败走麦城……

风险与收益的权衡取舍是一个两难过程，神经科学研究表明，人的大脑内部存在着一个参与决策处理的神经回路，决策处理过程的不同功能都与这个回路中的某些特定区域有关。赌博之类寻求风险的选择与购买保险之类厌恶风险的选择，可能分别由伏隔核和前脑岛两个不同的神经回路所驱动。如果伏隔核被激活，个体就可能做出高风险投资决策；如果前脑岛被激活，个体就可能做出相对安全的无风险决策。

①奈特. 风险、不确定性与利润[M]. 安佳，译. 北京：商务印书馆，2006.

神经机制能够对人类决策行为进行调控，并通向天堂和地狱两极。当市场行情逆转造成账面金额亏损时，投资方的分析和操作往往会遭受强烈的干扰和破坏，在惊慌失措中莫衷一是，导致判断屡屡失误和操作步调混乱。因此，ESG 投资决策要格外注重环境和社会中隐藏的风险。

英格兰银行的审慎监管局在分析气候变化对银行和保险行业的影响时，发现气候潜在风险与所有投资组合的财务业绩有关，因此"已将气候变化确定为与银行目标相关的金融风险，从把气候变化单纯视为企业的社会责任，转变为把它视为核心的金融和战略风险"。[①] 既然看似毫不相干的气候风险都能够如此精微而巧妙地关联到具体业务，那么投资方就更应当注意"莫被风险遮望眼"，善于把握"投资炼心大道简"，正确看待风险的客观存在与因时而变，放下迅速反败为胜的执念，将心从"为外物所役"的状态中抽回，在不断变化的市场行情中渐渐拨云见日。

三、环境改善与可持续增长

许多年前的大山深处，乡胞们娴熟地往灶膛里添着柴，噼里啪啦上蹿的火苗将锅底团团包围。屋顶上飘散的袅袅青烟与山间的雾岚交织，升腾在村庄的上空，让人感觉到一种清香混着焦煳的味道。

有人说柴草燃烧时会给食物赋予一种特别的风味，也有人说锅底灰是百草霜，具有止血、清毒的功效。不管怎样，天然气的使用已经

---

①希尔. ESG实践：从理论要素到可持续投资组合构建[M]. 周君，罗桂连，鲁施雨，等译. 北京：中信出版集团，2022.

改变了执斧伐木、柴草助燃的生活方式，也悄悄疗愈着大自然的肌肤。崭新的厨房里，一根白色管道穿墙而入，连接到天然气刻度表上，扳动表盒上方的把手，启动燃气灶旋钮，蓝色的火苗喷薄而出。

走在雨后的乡间小路上，两旁农舍雪白的墙壁辉映着头顶的蓝天。湿润的香甜在空气中弥漫，远天上一团团火红的云霞正在翻涌。一条湍急秀丽的溪流突然映入眼帘，转了几个弯后消失在蓝色天幕下，几只山雀掠过静谧清幽的水面与茂林修竹轻轻对话。

入夜时分，仍然能够嗅到山草野花的香味。遥远的夜空上繁星如沸，和着皎洁的月华在寰宇开阔的河汉上兀自闪烁，听着蝉与蛙的浅吟低唱，心头也不由得哼起一首《大江流》来。

> 繁星万点，列宿成行
> 月光皎洁，缀满海心
> 星汉灿烂，万物倾听
> 爱满天穹，世界安宁
>
> 江声入梦，聆听歌吟
> 眼底山水，潮涌潮平
> 百川奔流，海浪相迎
> 时光漫步，起舞弄影
>
> 啦啦啦，啦啦啦
> 啦啦啦，啦啦啦

登上峰顶，电闪雷鸣

日月之行，发出律令

星汉灿烂，万物倾听

爱满天穹，世界安宁

火红日光，将大地唤醒

蓝天白云，怜草色山青

我要遨游十方世界

静等雨后天晴

听，惊涛拍岸

听，云淡风轻

星汉灿烂，万物倾听

爱满天穹，世界安宁

最耀眼的是那深蓝

深蓝幕上刻下晶莹

晶莹融化坚冰的心

心会拥抱生命

　　天蓝山青、风起云涌、大江奔流……生态环境修复与改善的一幅幅变化万千、精妙绝伦的动态画卷在时光大地间蔓延，万物蒸腾中散发的能量在宇宙中经久不息地流转。

　　森林、瀑布和海边奔流不竭的负氧离子通过人类的神经系统和血液循环激活了细胞的生命力，使得大脑皮层功能及脑力活动增强，辅助调理着生命有机体的能量秩序，充沛的身体机能一点点转化为实现经济增长所需的生产力、创造力和爆发力。

亮丽的生态环境底色意味着高污染企业的淘汰和转型。规模较大的污染型企业会主动提高原材料和生产技术使用标准，并向低碳产业转型，规模较小的污染型企业在生产成本的倒逼下，由于无法维持原有生产方式而逐渐被淘汰。

除了技术迭代对企业转型和经济增长版图的重塑，技术本身也随着环境改善和绿色产品生产比例的增加逐渐累积形成"技术沉淀"。在技术的推动下，低生产率部门逐渐退出市场，高生产率部门在细化分工的过程中不断优化产业结构和全要素生产率，促进经济可持续增长。

作为关联经济增长的重要传感器，环境改善不仅是个体基于环保理念主动采取的理性行为，而且深嵌在经济增长和社会结构之中。在多元主体共同参与经济增长的过程中，投资方的亲环境态度能够增加绿色投资频率，提高经济增长水平。

谈到经济可持续增长，我们就不能回避传统国民经济核算体系与国内生产总值核算方法存在的缺憾。由于缺少对自然资源和环境代价的核算，经济增长的机会成本并没有在 GDP 中得到精确的呈现，"经济增长速度"堂而皇之地登堂入室，"环境恶化速度"与"资源枯竭速度"却成了"被遮蔽的关键"。从提升环境治理效率的角度来看，在政府绩效考核体系中，应当适当提高环境保护、公共服务和绿色创新等指标的权重，引导政府设置合理的经济增长目标，激发企业通过 ESG 投资换取经济增长的积极性。

经济增长逻辑从深层塑造着人类的思维和行为模式。在以经济绩效作为高权重评价指标的考核体系下，政府构建的经济增长目标管理体系以实现 GDP 最大化为核心。这种刚性约束虽然极大地调动了地方经济发展的热情，但也会带来要素配置扭曲、投资结构不合理、经济增长与环保失衡、产业结构抑制等一系列负面效应，反过来阻碍经济增长。

从可持续增长的视角出发，经济增长速度应建立在环境资源与社会发展动态平衡的基础之上。当 ESG 投资引导和调控生产要素通过竞争机制、价格机制在不同产业之间分配并带来环境改善时，一定程度上使公共环境资源的过度消耗问题得以减缓，经济可持续增长在一定范围内成为可能。

环境改善过程也是要素配置方向与效率提升的过程。"从长远来看，具有强大 ESG 实践的公司往往表现优于同行。这可以归因于更好的运营效率、更强的利益相关者关系和改进的创新等因素。"[1] 环境改善标志着环保逻辑被置于优先级位次，当生产要素越来越多地流向绿色低碳行业时，能够倒逼污染行业重新审视经济增长速度和增长质量，提升绿色全要素生产率。

企业的绿色发展与可持续增长并非"水火不容"。一项实证研究结果表明，绿色创新绩效可以作为中介影响到企业社会责任和企业财务绩效的正相关关系，管理者可以通过整合企业社会责任战略和绿色

---

[1]Boqiang Hu. ESG investment philosophy implications for Chinese pension funds' value preservation and appreciation policies[J]. Financial Engineering and Risk Management，2023：136.

创新来提高财务绩效。财务业绩的提高会带来长期的竞争优势。[①] 投资方必须从根本上认识到 ESG 投资带来的全球生存环境改善是有利于人类永续长存的资本投入。环境改善能够有效遏制企业的短视行为，吸引低耗高产企业落户，通过兼具经济价值与生态价值的生态资产进一步有效缩小收入差距，提升人民幸福感，走向共同富裕。

地球生态环境的现状已经无法容忍延迟和观望，ESG 投资需要进一步探寻各经济变量和环境参数的变化对稳态情况下经济增长率的影响与作用机制，明确生态环境改善与经济增长、共同富裕之间的非线性耦合关系。

在实际执行操作层面，绿色项目投资回报率的提升需要契合第四次工业革命的时代语境，以人工智能、区块链、云计算等新一代数字化、信息技术为支撑，工业生产的深度网络化与高度智能化，信息通信技术、网络空间虚拟系统、信息物理系统、生物技术等新兴技术集群携手并进，数字空间、物理空间和生物空间深度融合。[②] 这意味着 ESG 投资需要在数字化转型的语境之下，依托数字技术进行全流程、全链条的有效决策，推动投资项目实现对机器设备和生产空间的优化利用，在"物尽其用"的基础上构筑环境改善和经济可持续增长的条件。

---

①Saeid Homayoun，Bita Mashayekhi，Amin Jahangard，et al. The controversial link between CSR and financial performance：The mediating role of green innovation[J]. Sustainability，2023（15）：11-15.

②施瓦布. 第四次工业革命：转型的力量[M]. 李菁，译. 北京：中信出版社，2016.

四、儒商精神的价值系统

一位司机接到打车平台的派单任务后，迅速赶往乘客位置，路上有些七弯八绕的小道又赶上堵车，心急如焚的乘客在司机即将抵达前突然取消了订单。也许重新打车的等待时间更长，但是乘客总觉得希望藏在"下一次"当中。这是快节奏生活与信用机制匮乏合力的后果，预示着生活的匆忙已经让人心变得浮躁。

没有人有时间静下心来欣赏我们生活的世界，神圣的诚信原则和契约精神正在逐步蜕变为商业的附庸，市场经济制度在配置社会资源的过程中似乎越来越难以"守住底线"，假冒伪劣、恶意炒作、偷工减料……现实中的一幕幕乱象冲撞着人类道德的堤坝。

作为创造物质财富的组织，现代企业在本质上代表着一种资源配置机制，它可以把市场交易成本转变为较低的内部交易成本，同时也成为生成企业家精神的载体。马克思·韦伯在谈到近代资本主义扩张时说："只是因为这种新型的企业家具有坚定不移而且高度发展的伦理理念，以及超出常人的远见和行动的能力，他才赢得顾客和工人的支持。"[1]企业家精神源于企业家的实践认知和生命信仰，客观存在于企业家的经营和管理活动中，通过企业家的谋略、决策、气质、德性表现出来，决定了企业发展的愿景和基本价值观，并灌注到企业的运营全程和员工全体中。

熊彼特在《经济发展理论》一书中强调，"尽管成功的创业会助力企业家本人或家人跻身某个阶级，会在一个时代打上自己的烙印，会开风气之先，甚至会塑造出一整套道德及审美的新价值观念，但其本

---

[1]韦伯. 新教伦理与资本主义精神[M]. 陈平，译. 西安：陕西师范大学出版社，2007.

身不是跻身一个阶级的充分条件，顶多算是前提条件。"[1] 在这里，熊彼特将企业家与地主、资产阶级做了区分，认为财富传承是阶级跃迁的充分条件，但是企业家本身只是意味着一种职能，只是阶级跻身的前提条件，在这个意义上，我们应当将企业家精神视作市场经济向前迈步的文化精神和价值支撑，而非世俗层面的阶层跨越。

由此观之，今天"职业经理人"的称谓似乎可以从这里找到精神源头，企业家精神包含着勇于创新、乐于冒险、渴望成功、追求事业和把握机会，但其根本职责在于实施创新，是一种比较专业的才华呈现，当它与边际报酬递增的知识资本两相结合时，就能在经济社会发展的进程中焕发出强大的生命力。

这种专业才华在企业发展中的投射还可以通过员工的工作体验来呈现。员工的物质创造需要企业家精神提供动力，特别是提供一种基于文化的人格状态、心理状态和价值观状态。在这种氛围中，员工能够感受到做开创性工作的快乐与满足，并愿意为之贡献才智。因此一个富有活力的社会也必然是一个企业家发挥自主才能以及崇尚制度创新的社会。

将投资行业的企业家精神放置在资本运动与社会福利增进的关系中审辨，不仅意味着企业家应当通过资本市场创造财富，促进生产力提升，同时也必须突破货币和资本的财富幻象，与儒商精神的"良知""和合""义利"三大理念进行创造性融合。

《大学》中明确指出，"是故言悖而出者，亦悖而入；货悖而入者，亦悖而出"。[2] 意思是，说话不讲道理，人家也会用不讲道理的话来

①熊彼特. 经济发展理论[M]. 郭武军，吕阳，译. 北京：华夏出版社，2015.
②中华文化讲堂. 大学·中庸·论语[M]. 北京：团结出版社，2014.

回应你；用不正当的方法得来的财物，又会被别人用不正当的方法拿去。商人追求财富顺理成章，但要运用自己的德性来正当地获得。孔子强调"士志于道，而耻恶衣恶食者，未足与议也"[1]，立志追求真理而又以粗布淡饭为耻的人，是不值得与之谈论的。孟子也认为"士"做事的根本是"尚志"（志行高尚），即"仁义而已"[2]。荀子将贪图私利的人看成小人，"言无常信，行无常贞，唯利所在，无所不倾，若是，则可谓小人矣。"[3] 说话经常失信，做事没有原则，唯利是图，这样的人就可称他作小人。这体现了中国儒家文化对于商业精神的基本认知。

"良知"讲究的是对自我行为的约束和检讨，是每个市场行为者都应当具备的德性。德性是财富构成的重要精神因素，"是故君子先慎乎德。有德此有人，有人此有土，有土此有财，有财此有用，德者本也，财者末也。"[4] 传统儒家追求明明德、亲民、止于至善。"止于至善"意味着按市场习俗与惯例出牌，守合同、重承诺、讲秩序，通过对产品、服务、商业的创新创造"开物成务"，以实现天下富足、社会进步。

"和合"倡导的是一种"你有我有，大家都有"的共享共赢精神。儒家将财富与人道、天道放置在一个整体框架中进行考察，"不义而富且贵，于我如浮云"。天道与人性是相通的，"天何言哉？四时行焉，百物生焉，天何言哉？"人类应当将天道贯穿于财富的获取、财

---

[1]中华文化讲堂. 大学·中庸·论语[M]. 北京：团结出版社，2014.

[2]孟子. 孟子[M]. 方勇，译注. 北京：中华书局，2015.

[3]荀况. 荀子[M]. 哈尔滨：北方文艺出版社，2016.

[4]中华文化讲堂. 大学·中庸·论语[M]. 北京：团结出版社，2014.

富的价值、财富的分配与消费等各个环节，在可持续经营中推动利他主义与生态环境、社会整体利益的相互嵌合。

"义利"之说是儒家第一要义。这种自律层面的约束并非排斥他律，不过值得我们关注的是，"借助于法律与法规的力量来维护社会正义，固然是重要的，但同时来自人性的、信仰的东西，却是法律与法规无能为力的。"[①]儒家主张"见利思义""以义克利"的义利观，面对利的诱惑，坚守义的底线，始终把对利的获取置于义的正道上，既能认识到追求私利会促进公共利益的达成，又能认识到利润只是价值的结果而不代表价值全部，在对利的合理追逐中补充了义的"防火墙"。

西方企业家精神与东方"良知""和合""义利"三大理念的有机整合意味着"理性人"与"德性之人"的有机融合，为现代企业家精神的重塑与阐扬提供了精神元素和历史智慧，现代市场经济引发的伦理道德偏斜乃至人类现代性发展危机正在儒家的义理和事功观念中得以矫正。

古者"四民异业而同道"，士农工商四种职业的差异并不能阻挡价值系统的贯通，他们的最终目的都是要有益于人民。深深根植于中国传统文化的儒商精神以"儒"为文化认同，以"商"为职业分工，在怜贫恤苦、热心公益的经商过程中，逐渐形成了有志于君子之道的"士文化"，在21世纪的商业浪潮中依然能够从形态和实质上塑造企业家精神，推动企业从追求经济利润向追求价值创造转型，并与政府政策、社会需求紧密结合在一起，从而达到用户满意、企业获利、生

---

①龚长宇. 义利选择与社会运行：对中国社会转型期义利问题的伦理社会学研究[M].
北京：中国人民大学出版社，2007.

态受益的多赢局面。

"良贾何负闳儒"，一名优秀的现代企业家也应当是拥有文化学养与商业道德的人，在推动社会经济增长的过程中，追求的是天下富足而不仅是一己之财富增值，追求的是盈利过程中自然而然产生的经济价值而不是处心积虑、巧取豪夺的蝇头之利。在这个意义上，现代企业家实现的"利"应当是"公利"而不仅是"私利"，应当对国家和民族怀有一种深厚的责任感与使命感。

这种责任感与使命感是儒家文化与西方企业家精神交融后散发的知识溢出效应与创新动力效应。在这种新型的企业家精神感召下，投资行业应当运用知识与智慧开展 ESG 投资，通过赋能绿色项目先进的低碳技术，促进资源要素的优化配置，降低融资方的生产成本，推动融资方将科技成果加速转化为服务社会大众的产品和服务，让儒商精神的价值系统与投资促进"普惠世界"和"天下大同"的意蕴深度洽合。

天理法情篇

（Governance）：

权力架构中的制度供给

生死浪尖上的舞者，在岁月的狂涛中迎风击浪，虽然世道凉薄如纸，却无惧霜剑冰刀的夹击，像一只冲破樊篱的雄鹰，重新飞跃在辽阔的天幕。因为他始终坚信，那雪的叹息中一定涌动着葱茏的春，那冻土的深处也会深埋绿色的种子，在逆境下开出绚烂的花来。

　　这种坚信是对道义的坚守，是对寸心不昧、天良未泯的呼唤，而同时，在艰难跋涉的时刻，一些能够燎燃心底的成语也总是能与我们不期而遇：天理昭彰、天理难容、天理良心、天理人情……"天理"是与生俱来的各种权力的展现，也是阐释权力运行与演化的理论基础，在给定的主观偏好、利益结构、社会环境和技术条件下，影响着制度的设立和创新，为跌宕浮沉的世道源源不断地提供长明不灭的万丈星火。

第七章　公司治理的文化根基

1932 年，世界经济深度大萧条时期，伯利和米恩斯两位美国经济学家合写了一本关于股权结构的书，敏锐地觉察到要关注现代公司的"代理"问题，"公司制度趋向于使先前依附于所有权的各项职能发生分离。这就要求我们来考察这些职能的确切性质、有关集团在履行职能时的内部关系，以及这些集团在整个社会中的新型地位等问题。"[①]他们提出的一系列治理措施为解决有限责任公司股东和职业经理人之间的紧张关系提供了重要的理论依据。这段历史成为"公司治理"这一伟大课题的开始。

什么是公司治理？从汉语构词上来说，公司治理不应当是主谓结构，否则就缺少宾语了。那么是偏正结构吗？以公司作为定语来修饰治理，也就是"公司的治理"，那么治理就是名词了。笔者以为，公司治理应当是一个倒装结构，表达的是"治理公司"的意涵。如果是这样，问题就来了，治理公司的什么呢？

---

①伯利，米恩斯. 现代公司与私有财产[M]. 甘华鸣，罗锐韧，蔡如海，译. 北京：商务印书馆，2007.

由于现代公司多元利益主体的存在，股权分散、沟通协调成本高，难以在股东层面形成及时、有效的经营决策，于是委托代理产生了，即由股东们选聘董事组成董事会，对公司重大经营管理事项做出决策，再由董事会选聘经理，主持日常经营管理工作。这实际上是在权力架构中进行力量分配，以实现对公司的顶层制度设计。

权力的使用是维持复杂的社会中所固有的等级制度的合法手段。[①] 如同必须套上缰绳的资本，权力也并非可以肆意滥用的工具，而应当戴上枷锁在笼子内运行。公司治理就是要在权力分立与制衡的架构中，通过一系列制度输出，平衡不同主体之间的利益。尽管如此，权力分配结构也并非放之四海而皆准，不同国别的公司治理结构带有鲜明的历史文化烙印，深深根植于不同国家的历史文化传统。比如，英美未设立监事会，德日有监事会且置于董事会之上，日本的监事会与董事会并列。

一切历史都是当代史。通过追溯公司治理的历史文化源头，有助于我们厘清公司治理的缘起和变迁，并在结合中国本土实际情况的基础上，建构起一个有效稳定的公司治理模式。

一、自然规律与人间法则

中国古人很早就发现，日月星辰的运行与宇宙天象的变化都有着一定的秩序和规则。《国语·越语·越兴师伐吴而弗与战》中写道："天道皇皇，日月以为常。"天道就是天体运动规律，常是正常的秩

[①] 姆贝. 组织中的传播和权力：话语、意识形态和统治[M]. 陈德民，陶庆，薛梅，译. 北京：中国社会科学出版社，2000.

序和法则。这是古人从朴素的自然观出发，对日月运行和变化规律的把握。

《左传·昭公十七年》在讨论天象变化时指出："彗所以除旧布新也。天事恒象，今除于火，火出必布焉。诸侯其有火灾乎？""恒象"指的是常象、常态，天体的运行呈现某些不变的常象，这些常象显示了其具有某种规律性。

我们再来看看春秋时期军事家管仲说过的一段话："天，覆万物，制寒暑，行日月，次星辰，天之常也。治之以理，终而复始。"天，覆育万物，控制寒暑，运行日月，安排星辰，这是天的常规，天总是依理行事，终而复始。

"理"是作为自然法则的天理，是万事万物蕴含的基本道理。庄子在《知北游》里说："天地有大美而不言，四时有明法而不议，万物有成理而不说。"理在揭示事物内在必然性的同时，牵引着万事万物在遵守常规中运动变化，呈现出天理本体的自然实存性和万物存在的合理性。

爱因斯坦说："相信世界在本质上是有秩序的和可认识的这一信念，是一切科学工作的基础。"[①]有秩序和可认识都包含着对自然规律的认同，这是自然界事物发展过程中所显示的本质的必然联系，也是事物运动变化所遵循的法则。

正是在这个意义上，人类需要遵循天理。"天"就是自然界，"理"就是道理、法则、规律。天理就是弥漫在整个宇宙的自然法则和自然规律。它并非自然科学的固有概念，而是从法学和神学中的自然法概

---

①爱因斯坦. 爱因斯坦文集（第一卷）[M]. 许良英，范岱年，译. 北京：商务印书馆，1976.

念转义而来，体现着自然现象的规则性。

在西方政治法律思想中，自然法是反映自然秩序、体现人类理性、普遍适用于人类一切行为的永恒法则，是凌驾于人定法之上的自然界固有的法。意大利哲学家阿奎那主张：任何人类实定法"只有当来自正当理性时才具有法的资格"，也就是说，只有"当其来自自然法"的时候才具有法的资格。[①] 自然法高于一切社会立法的权威体现了人类积极向善的价值追求。

《荀子·天论》中提到的"天行有常，不为尧存，不为桀亡，应之以治则吉，应之以乱则凶"道破了自然法的天机。有常的"天行"就是自然法则和自然规律，它不以人的意志和人定法为转移。这就要求人类必须将万物生成的根据作为行动的根据。

古人从各式各样的自然现象中获取知识与智慧，并将其运用于人类实践。既然天理指的是自然的普遍法则，当然也应该包含人类社会的规律，适用于自然、社会和一切具体事物的存在与发展。天之下的一切存在都是由天衍生出来的，是天理决定了人世间的存在与秩序。

这些实践推理的第一原则规导一个人去行动、安排和组织，以促进这些理智善，并且这种规导性和规范性以"我应当……"或"我应该……"的形式表达出来。[②] 这并不是说自然规律完全等同于社会规律，而是站在"万物一体"的视角来看，人类制定社会法则必须具有自然合理性，人世之理与自然之理都可溯源于天理，自然法则和人类社会法则是相通的，因此，作为人类行为价值评判的道德与法律就有

---

①奥克利. 自然法、自然法则、自然权利：观念史中的连续与中断[M]. 王涛，译. 北京：商务印书馆，2015.

②菲尼斯. 自然法理论[M]. 吴彦，译. 北京：商务印书馆，2016.

了"天理"这个最高准则。

恩格斯说："我们一天天地学会更正确地理解自然规律……人们就越是不仅再次地感觉到，而且也认识到自身和自然界的一体性，那种关于精神和物质、人类和自然、灵魂和肉体之间对立的、荒谬的、反自然的观点也就越不可能成立了。[①]在他看来，自然界和精神是有机统一的。

在中国传统法律文化观念中，"天理"是最高位阶的价值取向，属于源本性范畴。作为合目的性与合规律性的宇宙的一部分，人类社会的道德律法以天理作为终极价值，与宇宙法则具有内在一致性。宇宙世界的"天理"为人类社会赋予了普遍公共利益原则。

老子在《道德经》中说："人法地，地法天，天法道，道法自然。"这句话用递推的方法告诉我们，天、地、人如果按照各自的自然规律运行，就能够相安无事。人定法受制于自然法则并不是否定轻视人类的主观能动性，而是人类在遵循和利用自然法则的基础上，将"天之义理"作为最高的终极信仰。

只有在遵循自然法则的基础上，才能够实现公平正义、安定有序、人与自然和谐共处等价值目标。当自然环境遭到人为破坏时，自然法则就要惩罚人类，因此，人类必须研究、遵循和利用自然法则，进而制定相应的环境保护法。这便是自然法对人定法起规范作用的一个典型。

古希腊的克吕西普在《论主要的善》中写道："我们个人的本性都是普遍本性的一部分，因此，主要的善就是以一种顺从自然的方式生

---

①恩格斯. 自然辩证法[M]. 中共中央马克思恩格斯列宁斯大林著作编译局，译. 北京：人民出版社，2015.

活，这意思就是顺从一个人自己的本性和顺从普遍的本性；不做人类的共同法律惯常禁止的事情，那共同的法律与普及万物的正确理性是同一的，而这正确的理性也就是宙斯、万物的主宰与主管。"① 由此可见，西方古人是把自然法则看作上帝赋予宇宙万物的外在理性，而中国古人是把自然规律看作事物自身所固有的、内在的规律。

正是因为我们置身于一种普遍的秩序中，亦即置身于宇宙的各种法则和规范中，亦即置身于由各种造物构成的庞大家庭中，也就是在最终意义上置身于创世智慧的领域中，并且同时也是因为我们拥有分享精神自然的特权，所以我们才拥有针对他人以及所有造物的权利。② 不论是将自然法则视作外在的赋予还是内在的固有，东西方都在"天理"上达成了共识。对神明的崇拜与对自然的崇拜本质上是一致的，因为从这种崇拜中都能抽象出一个共同的自然法则——"天理"，并演化为人间适用的法律和道德。

在中国传统法律价值中，"天理国法人情"是占支配地位的法律观念，天理是"法上之法"，律条律例是"法中之法"，人之常情是"法外之法"。明儒黄宗羲认为夏商周以前的法律"固未尝为一己而立也"，夏商周以后的法律是"一家之法，而非天下之法也"。③ 他在《明夷待访录·原法》中说道："三代之法，藏天下于天下者也：山泽之利不必其尽取，刑赏之权不疑其旁落……后世之法，藏天下于筐箧者也：利不欲其遗于下，福必欲其敛于上。"④ 意思是，夏商周三代的法

---

① 北京大学哲学系外国哲学史教研室. 古希腊罗马哲学：西方古典哲学原著选辑[M]. 北京：商务印书馆，1961.
② 马里旦. 人权与自然法[M]. 吴彦，译. 北京：商务印书馆，2019.
③ 黄宗羲：明夷待访录[M]. 王珏，褚宏霞，译注. 北京：中华书局，2020.
④ 黄宗羲：明夷待访录[M]. 王珏，褚宏霞，译注. 北京：中华书局，2020.

律，是为了天下百姓着想的法律，山川河泽的利好不会取尽，刑罚奖赏的大权不用担心落到别人手中……三代以后的法律，将天下当成君主的私人财产，君主不愿让利给百姓，有了福分好处都想独揽。

在黄宗羲看来，国法是社会公器，应当坚守"天下公道"。实际上，这种"以法为公器"的思想正是天理在现实中的反映，因为天理是最高规范，国法与人情都来自它。"天理"要求司法官心怀良知道义断天下事，并有效规制自由裁量权。因此，掌握法柄的人必须对是非、正邪、善恶拥有理性判断能力，同时要熟稔人间社会的风俗习惯和民情民意。

《尚书·泰誓》中记载了周武王伐纣誓师时说过的一段话："天视自我民视，天听自我民听。百姓有过，在予一人，今朕必往。"周武王将天与民联系在了一起，通过"民听""民视"来判断国家的行动是否符合天理，这意味着天理是与民意重合的，法律是天意，也就是人民意志的体现，如果法的制定背离了天理也就是背离了人民意志。亚里士多德说："邦国虽有良法，但如果没有民众的普遍服从，也不能实现法治。"[①]民众是否主动遵守法律，根本在于法的制定是否溯源于天理人心。因此，人定法的制定过程不能为个人好恶左右，而要融入"天理"的内容，实现自然与法理的创造性转化。

二、从盐铁财政到商帮治理

如果不是鲍叔牙苦口婆心地极力举荐，登上王位的齐桓公不会忘

---

①亚里士多德. 政治学[M]. 吴寿彭，译. 北京：商务印书馆，1965.

了当年的一箭之仇，必除管仲而后快。历史总是在偶然中体现着必然，齐桓公不仅相逢一笑泯恩仇，还斋戒三日，拜管仲为相，拉开了齐国"尊王攘夷"的序幕。

也许是因为感念这份不计前嫌的知遇之恩，管仲一生都在为齐国的王道霸业鞠躬尽瘁。作为法家学派的代表，他的"利出一孔"思想或许有些严苛了，但在当时的历史语境下，包括"相地衰征"和"官山海"等因地制宜的政治实践曾经有效地促进了民富国强。

"相地衰征"打破了过去征收赋税额仅根据土地数量，而不考虑好坏程度、距离远近的情况，是一种按照土地肥瘠不同情况征收不等额农业税的财政思想，纳税人不用再担心赋税负担不合理，从而安土重迁，保证了国家的税收收入。

"官山海"，"官"就是"管"，"山海"指的是开矿、铸铁和煮盐。管仲主张对山海盐铁之业采取"民办官营"模式，山林川泽的自然资源由民间生产，官府统购统销，将财税寓于产品的价格中，一是避免征收直接税引起人民不悦，二是使国家牢牢地把握了商品流通领域。

这种国家财富增长方式为汉武帝及之后的朝代沿袭发展。为了弥补抗击匈奴而亏空的国库，汉武帝推行桑弘羊等人制定的盐铁官营、酒类专卖等一系列重大经济政策，为国家提供大量稳定的赋税。但是由于穷兵黩武、连年征战，沉重的赋役加剧了民生凋敝和社会矛盾……

《资治通鉴·汉纪十五》中记载："武帝之末，海内虚耗，户口减半，霍光知时务之要，轻徭薄税，与民休息。至是匈奴和亲，百姓充实，稍复文、景之业焉。"①汉武帝晚期，国家白白浪费了很多财政资源，人口数量减少一半以上，大将军霍光深知当务之急，通过轻徭役、减赋税，让人民休养生息。这个时候汉朝与匈奴开始和亲，百姓的生活得到了改善，渐渐恢复了汉文帝、汉景帝时期的安定繁荣局面。

公元前89年，汉武帝封禅泰山后，对群臣说了这样一段话："朕即位以来，所为狂悖，使天下愁苦，不可追悔。自今事有伤害百姓，靡费天下者，悉罢之。"②

随后，他下"罪己诏"否决了桑弘羊等大臣在西域轮台地区屯田的提案，并对派遣李广利远征匈奴之事表示悔恨："乃者贰师败，军士死略离散，悲痛常在朕心。今请远田轮台，欲起亭隧，是扰劳天下，非所以忧民也，今朕不忍闻。""当今务，在禁苛暴，止擅赋，力本农，修马复令，以补缺，毋乏武备而已。"

李广利将军失败后，士兵们有的死了，有的成了俘虏，有的四处逃散，此悲此痛，时常萦绕在汉武帝心中。现在，有人请求在遥远的轮台屯田，想要建起烽火台，这会使天下人受惊和劳累，不是优待百姓的办法。他不忍心听到这种话。

这是汉武帝对自己长年用兵耗费国家大量资财的反省。因此，当务之急是必须禁止苛刻残暴的情况，制止对老百姓任意盘剥征税，而是要努力发展农耕，贯彻对养马者免除赋役的法令，至于军队，只要填补缺额保证军备不荒废就行了。

汉武帝驾崩后的第六年也就是公元前81年，在汉昭帝和大将军

---

①司马光. 资治通鉴（第一册）[M]. 北京：北京联合出版公司，2019.
②司马光. 资治通鉴（第一册）[M]. 北京：北京联合出版公司，2019.

霍光的授意下，全国各地 60 多名德才兼备而又精通儒家经典的人来到长安，与以御史大夫桑弘羊为首的政府官员围绕"财政与国家治理目标的实现"展开激烈讨论，后人把这次言辞锋利、唇枪舌战的会议称为"盐铁会议"。

主张官营专擅的御史大夫桑弘羊一方认为，"盐铁之利，所以佐百姓之急，足军旅之费，务蓄积以备乏绝，所给甚众，有益于国，无害于人。"[①]盐铁官营的利好在于可以帮助百姓解决当务之急，补充军费开支，尽力储存粮食有备无患，带来的好处非常之多，有益于国家，无害于民众。

主张民间自由经济的"贤良文学"则反驳说："昔文帝之时，无盐铁之利而民富；今有之而百姓困乏，未见利之所利也，而见其害也。且利不从天来，不从地出，一取之民间，谓之百倍，此计之失者也。"[②]以前文帝在位的时候，没有盐铁官营的利好，民众也很富裕；现在有了盐铁官营，老百姓反而贫困了，并没有看见盐铁官营带来的利好，反而看到了它带来的坏处。况且财利并不是从天上来的，也不是从地上生出的，全部是取自民间，你们说获利百倍，这明显是策略的失误。

站在 21 世纪的历史方位回望这次会议，盐铁专卖虽然在短期内创造了大量财富，却极大地限制了私营经济的活力和创造力，专卖制度获取的巨额财政利润是以牺牲民间私营工商业发展为代价的。"贤良文学"在辩论中秉持儒家匡扶社稷的使命，发振聋发聩之声，将孔孟之道与治国理政紧紧地关联在一起。

---

①桓宽. 盐铁论[M]. 陈桐生，译注. 北京：中华书局，2015.
②桓宽. 盐铁论[M]. 陈桐生，译注. 北京：中华书局，2015.

这次辩论最终并没有废止盐铁官营，但是汉武帝时期的法家政策得到了较大调整，酒类专卖和部分地区的铁器专卖取消了，"与民休息"的政策进一步得到了肯定。这也对汉昭帝和汉宣帝时期国家治理体系和治理能力的运转、提升起到了重要作用。

作为国家治理基础和重要支柱的盐铁财政或许可以给予现代国家治理以这样的启示：一是集体行动的形成和突发植根于国家与社会关系的特定制度结构之中，是国家治理制度逻辑的产物；[①] 二是财政政策服务的国家战略目标必须将解决民生疾苦视为出发点和落脚点；三是财政政策的制定必须考虑实施中可能出现的问题并及时解决出现的新问题。

表面上来看，盐铁财政是政府的收支活动，却从深层反映了政府的施政理念。它呈现出由中华文化确立和塑造的"国—民"关系，并引导和规范着中国人的精神底色。这种底色或许也可以从明清风起云涌的商帮文化中找到烙印，那是国家治理与商帮治理交相辉映的标记。

明清时期，随着生产力发展和规模化生产的出现，一个个资本实力雄厚的商帮开始从中原、江南、东南沿海等地异军突起。伴随着晋商、徽商和潮商的行动轨迹延展，各式各样的商帮治理方式如影随形，共同混融在商业文明深深浅浅的足印里。

晋商重视以地缘关系为主的契约治理模式，遵循"避亲举乡"的原则，更愿意从同乡中选拔经理和伙计。同时为了约束经理和伙计的行为，商号会明确相对正式的号规机制，并设立包含股权激励和奖金

---

① 周雪光. 中国国家治理的制度逻辑——一个组织学研究[M]. 北京：生活·读书·新知三联书店，2017.

激励的股俸制。商号建立时，通常由股东聘请经理人，并同时邀请几名见证人，当面商讨合同订立、盈亏分配等事宜。

徽商与晋商不同，由于受到古徽州发达宗族制度的影响，比较重视以血缘为基础的商帮治理模式，倾向于在宗族子弟中选拔经理和伙计，并采用隐性激励手段改变和提升经理和伙计在家族中的地位，通过发挥族法家规的监督功能，约束商帮成员的机会主义行为。

潮商是一个综合血缘宗族和地缘同乡关系的商帮，通常采用家族企业模式，从宗族内部选拔人才担任商号职务，依靠隐形契约、宗法族规管理商号中的族内成员，整体上采用合伙分红制，共担收益风险。

若是将商帮治理放置在权力架构中审视，或许可以说随着经营规模和经营范围的扩大，商人聘用同乡或宗族开展商业活动，实际上是在商人和伙计之间形成了一种委托代理关系，商人以股东代表的身份委托同乡或宗族子弟代理经营，同乡或宗族子弟在一定意义上具有了"董事"的色彩。这或许可以视作中国商业文明兴起后原初意义上的公司治理。

一个有效的治理模式必须对本土文化中的合理元素与治理实践进行整合，形成一套节约公司治理成本的激励机制和监督机制。在商帮治理系统中，整体的经济绩效取决于各组成要素的配合情况，各种激励工具和约束机制是动态互补、相互兼容的。正是由于地域文化以及对地缘、宗族、礼法认知上的差异，晋商、徽商和潮商的发展体现出不同的激励监督机制。

晋商创造的股份产权明晰，具有较强的激励作用，通过薪金、股俸激励以及严格的号规约束让商帮成员之间的契约显性化和完备化，在判断商业成绩的时候，强调经营绩效导向，亲疏远近的家族血缘关系退居其次。

徽商将宗族威权移植到商帮治理中，通过宗祠、家庙建立文化共同体，并在程朱理学的潜移默化中，实现了对整个商帮成员的有效管理，使得徽商形成了一种极具地域特色的商帮治理模式，商帮内的机会主义行为将面临违背宗族道义传统的严厉惩罚。

潮商文化是大陆文化与海洋文化的交融，在传统礼教、祠堂、庙宇和会馆的加持下，对商帮成员实行血缘宗族和同乡地域的双重约束。

由此可见，商帮治理是在资本作用下形成的一种经济性合约。源于农耕文明的晋商、徽商选择了"官商结合"的商业模式，而偏向海洋文明的潮商选择了"市场导向"的商业模式，随着历史的演进，他们在不同治理模式下最终走向了不同的命途。

三、西方理论的"本土旅行"

盐铁财政中展现出的"治道"与商帮治理中零星闪烁的现代治理思想，虽然还处在萌芽状态，却如万古长夜中一以贯之的华灯明烛，通联着社会历史的发展进程，在物质和精神的双重创造中沉淀为公司治理的运行法则。

文明总是要通过细微渗透逐渐化合在公司发展壮大的历程中，特别是随着企业生产技术与经营管理的复杂化，公司所有者会将公司委托给具有专业能力的经营者，由此产生了所有权与经营权分离，以及所有者与经营者的委托代理问题。

然而，公司所有者与经营者的目标旨趣并不完全一致，企业经营者的行动往往无法被精准地观察，这就为经营过程中机会主义的产生提供了条件。因此，必须建立一套行之有效的治理机制，通过所有者对管理层的约束、激励和监督，确保管理层的领导能力和决策质量，公司治理正是在这种情况下应运而生。

作为一整套控制和管理公司运作的制度安排，公司治理旨在通过设计一系列产权契约安排来实现股东大会、董事会、监事会、经理层以及利益相关者之间的相互制衡关系，解决包括股权分配、内部控制、董事会结构、管理层薪酬等问题，以确保董事会和管理层按照股东的利益要求进行决策。

在股权分配方面，公司需要确保股权的分配公平合理；在内部控制方面，公司需要确保资产安全和财务报告的真实准确；在董事会结构方面，公司需要建立一个独立、专业、高效的战略型董事会；在管理层薪酬方面，公司需要建立合理的薪酬机制。

诞生于西方语境之下的公司治理理论，伴随着原始企业制度向现代企业制度的转型发展起来，在舶来中国的历程中需要经历一段"本土旅行"。根据美国东方学研究奠基人萨义德的观点，理论在旅行到其他时间或情境的过程中有时会失去原来的力量和叛逆性。[①] 公司治理理论进入中国语境之下，也存在着与本土文化融合并建立集体认同的过程。

不同国家的公司治理模式总是以解决现实问题和提升公司整体绩效为依归，然而制度设计的初衷以及制度实施的效果在一定程度上还

①Said Edward. Traveling theory reconsidered in reflections on exile and other essays[M]. Cambridge：Harvard University Press，2002.

是取决于制度与文化的匹配程度。每一项制度秩序的原则、实践和象征都以不尽相同的方式塑造着个体和组织演绎推理、感知与体验理性的路径。[①]这需要我们从文化历史的深层对公司治理领域具有代表性的英美模式和德日模式进行源头追溯，它们都曾给予中国公司治理以深刻的启示。

英美公司治理模式源于个人主义，崇尚政治上的民主主义、经济上的自由主义和文化上的个性独立。股东对管理层的管控力度较低，一些股东擅长"搭便车"式的"用脚投票"，所以大都依赖外部的法律法规和协议准则来保证管理层行为和股东利益一致。股东与管理层争夺控制权、二级市场"野蛮人收购"等情况时有发生，"英美公司往往呈现股权高度分散状态，美国历史上托拉斯发起人以及投资银行家将大量股份发售给更为广泛的投资人的能力是所有权分散的一种重要驱动因素。"[②]因此，对董事会和管理层进行监督的职能主要依靠独立董事制度实现。

德国和日本的公司股权主要集中在银行和非银机构手中，不同公司和公司内部交叉持股、循环持股的情况比较普遍，股权比较集中且稳定性高。由于银行处在控制和监督的主体地位，控制权市场并不发达，致使某些代理问题不能从根本上得到解决，对董事会和管理层的监督主要由监事会完成。

中国在董事会和管理层的职能上效仿了英美国家的模式，董事会

①桑顿，奥卡西奥，龙思博. 制度逻辑：制度如何塑造人和组织[M]. 汪少卿，杜运周，翟慎霄，等译. 杭州：浙江大学出版社，2020.
②莫克. 公司治理的历史：从家族企业集团到职业经理人[M]. 许俊哲，译. 上海：格致出版社/上海人民出版社，2022.

执行股东会的决议，制定公司经营计划、投资方案和年度财务预算方案，但是在监事会的设立上创造性地吸纳了德日的"双层委员会体制"，监事会与董事会并列设置，搭建了一个既有股东会、董事会，也有监事会的治理结构。

任何一个民族都有着在特定历史条件下形成的文化底蕴，它既是一套具有规范意义的价值体系，也是对现代公司治理结构进行顶层设计的出发点。虽然中国的公司治理结构创造性地将英美模式与德日模式进行了嫁接，但是在很大程度上还是体现为一个立足西方理论实践，并以人为设计和干预为主导的制度移植过程，因而与西方原有的公司治理理论相比，"形似"的成分多，"神似"的成分少，并没有将西方理论的精髓与东方文化土壤进行合理融通。

作为政治、经济、法律和文化相互耦合的特定"建构"，公司治理体现了一组利益相关主体的制度安排。因此，我们迫切需要扎根中国传统文化土壤，在特定的经济发展水平和政治法律制度下对现代公司发展中遇到的各式各样的问题进行归总、破题，形成一个以公司章程为内核、法律制度为中环、道德文化为外壳的公司治理架构。

中国投资机构在践行 ESG 过程中，需要发挥公司治理的机制保障功能，主动选择和整合那些能够支撑现代公司治理模式的优秀文化元素，特别是将儒家道德伦理因素纳入治理过程。儒家文化倡导"仁者爱人"的价值观有利于深化企业慈善捐赠活动，而"君子"价值观意味着委托—代理契约的履行在一定程度上依赖于道德自律，不仅可以减少大股东对小股东的侵占，也能约束管理层的败德行为。

当前，中国投资机构的公司治理着力点主要放在股东、董事、管理层等内部利益相关者的制度安排上，缺乏对债权人、客户、政府、社区等外部利益相关者的制度保障，可能导致大股东利用控制权对外部利益相关者形成侵害，多元利益主体的协调和整合方面仍然存在着制度困境。

因此，投资方和融资方亟待完善分权、监督与激励体系，设立公平而均衡的权责利分配机制和约束机制，保障整体利益与个别利益。不仅如此，投资行业还需要建立与公司治理相关的伦理道德体系，促进投资方和融资方共同遵守社会公共秩序和善良美德，不靠信息优势操纵市场，不披露虚假信息，恪守儒家文化"重义轻利"的道德底线。

前面在利他投资和企业家精神部分均大量引用儒家关于"义利观"的文献，实际上，公司治理本土化也同样需要扎根儒家文明土壤，礼失而求诸野，智亡而在民间，儒家文化所传达的"义利观"和忠信思想要求管理层在做出投资决策时应以股东利益和社会公共利益最大化为原则，不可做出"先利后义"的行为，在规避管理层机会主义的同时，减少企业非效率投资。

四、ESG 的公司治理维度

当一家财务表现卓越的公司暗地里大肆排污、伪造数据时，当纷至沓来的处罚决定书仍然无法遏制企业的违法违规行为时，你是否会拍案而起，怒向胆边生？

义愤填膺之余，更需冷静理智的思考。究竟是什么样的动力诱使这些企业敢冒天下之大不韪，铤而走险、屡错屡犯？又是什么样的制度缺位助长了企业的短期投机性，最终陷入积弊沉疴、覆水难收的境地？

环境与社会层面的流弊还是要回到制度层面求解。贯通投资方与融资方的"双向 ESG"之道，从公司治理维度上对企业在环境与社会责任层面形成的解决方案提供制度安排，这种制度安排应当是一种结合历史文化传统并顺应"天理法情"的顶层设计。

上古时期，洪水泛滥。鲧受命治水，从天帝那里盗取了一种会自己生长的泥土"息壤"。鲧通过筑堤围堵洪水，虽有成效，但水越积越多，且天帝发现"息壤"被窃，怒而收回，又命火神祝融将鲧杀死在羽郊。

天帝又派鲧的儿子禹治水，大禹采取"顺水之性，不与水争势，导之入海，高者凿而通之，卑者疏而宣之"的治水思想，在需要疏导河道的地方开山挖河，让洪水流入大河；在需要封堵洪水的地方，用"息壤"堆起高山，筑起堤坝，最终消灭了水患。

篆文中"治"由"水"和"台"的象形字组成，"台"的本义是"胎"，泛指事物的根源与起因。"治"就是从水的发源处开始进行修整、疏通。"理"就是道理，规则、规律。"治理"就是顺着事物天然具备的道理和规律，进行正向性的疏导整治，从而引导事物顺应自然界的客观规律而归正。

既然在治理水患方面"堵不如疏"，那么在治理环境、社会问题以及由于委托代理而产生的一系列其他问题时，也应当把握规律，构建投资机构发展的道德合法性基础。因为公司治理的好坏不仅关联着投资决策的科学性，也在很大程度上决定着投资方和融资方的发展是否可持续。

公司治理就像一个箩筐，什么东西都可以往里面装，股权结构、会计政策、薪酬体系、风险管理……事实也是如此，公司治理是建构在企业"所有权层次"上的一门科学，必定高度重视利益相关者之间的互补与协调，通过建立分工协作、权责清晰的治理架构促进企业不断获取可持续竞争优势。

由于股东将管理权委托给董事会，董事会授权管理层对公司进行实际管理，因此，股东、董事会和管理层中间存在着信息不对称问题。强化不同层面的相互制衡和监督预示着董事会应当监督管理层的机会主义或自利行为；监事会应当监督董事、管理层的经营管理情况和公司财务状况；独立董事作为公司的"外脑"，应当成为公司获取外部团队支持的渠道。

如果说环境层面通过对"天人合一"的追求解决的是企业与自然的关系，社会层面通过对"天下大同"的向往解决的是企业与社会的关系，那么公司治理层面追求"天理法情"解决的就是企业与自身的关系，由此衍生出一系列治理制度与规则，逐渐成为企业及其利益相关者的共识。

从公司治理维度上看待 ESG，实际上是在人类可持续发展框架中审视企业的商业运行，将环境、社会理念融入股东、董事和管理层的履责过程中，通过对企业权力结构的优化，让公司在面对更加美好的自然与社会基础上，实现股东利益最大化。

除了通过监督管理层维护股东长期利益，合理规范的公司治理结构还能吸引媒体和分析师关注，形成较强的外部声誉约束和企业透明度，使得管理层在进行投资决策时非常审慎，帮助自身和其他合作方共同规避"投资陷阱"。

值得我们关注的是，将公司治理放置在与环境、社会等量齐观的框架体系中加以审辨，并不意味着三者之间的无缝耦合。比如，公司治理可以成为绿色投资实践和社会责任履行的关键支撑，但是，股东利益最大化目标与实现环境保护、增进社会福利之间依然存在着冲突与矛盾，特别是价值投资目标与儒商文明"义利观"之间的衔接问题。

此外，作为公司治理结构的基础，股权结构从根本上决定了公司内部权力的归属和利益分配。但是正如前文所言，不同股权结构的公司，在治理路径上往往也存在着差异。在股权集中的情况下，大股东因为掌握着更多的内部信息和投票权，虽然能够对公司管理层进行监督，但也更容易损害中小股东利益。在股权分散的情况下，部分股东在公司事务的监管上投入精力可能较少，又会存在"搭便车"现象。

无论是投资方按照ESG标准进行项目筛选或是为促进国民经济增长和充分就业而努力，还是融资方按照ESG标准进行技术创新、节能减排或是信息披露，我们都可以在环境与社会层面找到一套"通约法则"，即"天人合一"与"天下大同"。但是在公司治理层面，尚未形成一套完全具有普适性的公司治理模式，因为这涉及不同股权结构以及ESG目标在股东会、董事会、管理层和运营团队等不同组织结构中的分解、协同与监督，"天理法情"中的"情"必须贴附着不同地域的历史文化传统因地制宜，因而充满了变数与弹性。

当然，这并不妨碍我们从"天理法情"出发，思考如何立足不同的股权结构，深入剖析公司治理的缘起、困境与目标，解决企业与自身的关系。目前，市场上认可度较高的ESG评价体系和投资决策工具均系舶来品。国内投资方的投资策略大多处在通过负面筛选机制来防范风险的阶段，而国际上很多国家已超越规避风险阶段，把 ESG 真正作为自身价值链的组成部分。在这个意义上，现有的公司治理架构需要向真正意义上的 ESG 治理架构转型。

第八章 "三会一层"的权责安排

随着中国公司组织的发展壮大，特别是当公司所有权与经营权分离后，管理层逐渐掌握了筹资权、投资权和人事权，容易对企业的日常生产、投资活动和融资活动形成"内部人控制"。实践的症候与困境总是倒逼思想理论的"灵丹妙药"现身，公司治理理论"旅行"到中国后，在与中国本土实际融合的过程中，形成了体现分权制衡思想的"三会一层"治理结构，包括股东会、董事会、监事会和高级管理层。

股东会是公司的最高权力机构，它代表股东对公司拥有最终控制权和决策权。董事会是公司的经营决策机构，执行股东大会决议。监事会是公司的监督机构，依法对董事会和公司高级管理层的经营行为进行监督。高级管理层是公司的执行机构，负责公司的日常经营和管理。股东通过股东大会的形式决定公司重大决策，选举成立董事会和监事会。

也就是说，比较理想化的"三会一层"结构是通过对股东会、董事会、监事会和高级管理层的权力配置，形成"各定其事、各行其权、各负其责"的基本权力实施规则，保证决策权、经营管理权、监督权分属于股东大会、董事会和监事会。

然而，ESG投资蕴育着人类发展理念和发展范式的深刻变革。人类认识到由于自然资源的开发利用存在极限，经济增长并不必然意味着社会进步，因此，在追求人与自然永续共生的时代语境下，当主动转变生产生活方式逐渐成为全民普遍认同的"公共知识"时，为环境保护和社会责任提供机制保障也被纳入了公司治理体系之中。

一、股东的价值主张

绿色是大自然最基础的底色，然而今天放眼寰球的"满目疮痍"正在消褪这种底色。呼唤"绿色归来"已经成为人类推动经济发展中不得不重点关注的事项，它意味着维持发展与环保的动态平衡关系，意味着对伤疤的熨平和绿化。如果说将环境、社会责任理念赋予投资实践是绿化行动的一种表现形式，那么有效的公司治理机制则是推动绿化行为进阶与跃迁的"安全垫"，与环境和社会结构深度嵌合在一起。

由于股东会掌握着董事选举、章程变更、增减资本、利润分配等重大事宜的最高决断权，往往攸关全体股东根本利益，因而其决策也体现了全体股东的意志。"股东作为企业的所有者，承担企业的经营风险成为企业以股东价值最大化为目标的充分条件。它与股东利益的容易加总和易于衡量性两个必要条件共同决定了股东价值最大化成为公司治理的效率标准。"① 从这个意义上来说，我们可以立足股东价值最大化的视角，审视股东价值主张对于企业战略方向的影响。

绿色理念是企业价值观的一种表现形式，强调的是处于公司治理结构顶端的股东会，在充分考虑长期和短期平衡的基础上对股东价值的理性关注，能够通过影响公司战略决策，促进 ESG 投资，并提升企业竞争力。

ESG 投资对财务和非财务双重指标的诉求旨在将环境、社会与经济价值全部纳入投资回报衡量体系，重构一套综合价值评判标准，推动经济外部性指标的内部化，擘画新的市场效率边界曲线，实现股东权益向整体利益的转型，引导投资行业与政府、慈善机构形成多元合力的局面。

正是由于 ESG 投资至关重要的作用，因此股东的绿色主张输出越强烈，越能够抑制管理层不顾企业经济效益的利己主义行为，增强其绿色投资行为的自觉性，促使利益相关者以整体的、生态的观念看待公司经营，在合作竞争、共同进化中逐渐实现动态平衡的和谐关系。

投资方通过 ESG 投资推动融资方实施绿化行为，一定程度上也是股东将生态理念通过董事会和管理层形成差异化战略、提高企业竞争优势的过程。当拥有规范治理机制的投资方将包含 ESG 投资理念的股东主张传达到董事会和管理层时，投资方和融资方的环境行为和社会责任都会受到正向影响，加速投资组合的"深度绿化"。

股东主张可以促进融资方将获得的绿色资金用于绿色技术研发和清洁生产设备购置，让企业生产流程符合绿色生产要求。不仅如此，

---

① 张维迎. 理解公司：产权、激励与治理[M]. 上海：上海人民出版社，2014.

股东低碳行为所传递的绿色信号还可以改善企业与环境保护主义者、绿色消费群体的关系，帮助董事会树立高瞻远瞩的战略布局。

在股东主张促进企业"深度绿化"的过程中，对于绿色信息的质量要求也日益提高，因为虚假的绿色信息可能包含着未知的环保风险，直接影响到股东自身的权益。因此，中小股东的监督职能至关重要，特别是在大股东控制力较强的公司里，中小股东可以通过向股东会、董事会等实际权力机构提供环保信息，增益大股东的决策效率，抑制公司管理层"漂绿"信息的行为。

自然与社会并不是截然分开的两种事物，而是有机嵌合、交互联动的统一体，因此可以说，企业在环境层面的责任履行，也是企业践行社会责任的另一种体现。因为企业是社会的细胞，是一系列要素相联系而形成的社会协作系统，细胞的新陈代谢需要考虑生物有机体的整体状况，企业的运营同样也要综合考量社会的总体运行状态。

如果一家企业的股东忽略了社会责任，就可能会为不期而至的舆情风险埋下伏笔；如果一家企业的股东能够认同履行社会责任的价值主张，则会为企业赢得包括产品品牌、技术品牌和服务品牌在内的各种声誉优势。从这个意义上来说，企业股东在社会责任上的认知与主张也是一种理念输出，是以资金为中介桥梁实现股东主张与社会责任的深度契合。

社会是企业获取利润的真正来源。因此，企业的行动不仅是为了股东的利益，而且要增进所有利益相关者的利益。从长期来看，如果ESG投资成为金融市场的一种主体性力量和支配性力量，那么整个市场价值结构和交易行为都将发生巨大变化，迎来社会价值与财务价值共同勃兴的发展阶段。

"深度绿化"是投资方解决管理层逆向选择风险的重要武器。因为，以投资收益率为唯一指标的短视决策模式会忽略融资方生产经营对环境、社会的负面影响，扩大贫富差距。"深度绿化"意味着投资机构的股东有责任阻止权力在管理层中的滥用，用绿色的投资导向维护利益相关者的利益，为企业在法律和道德边界内实现利润最大化提供必要条件。

作为经验丰富、充分掌握信息的长期投资型股东，我们对公司董事会和其他投资者有一定的影响力，进而利用这种影响力推动我们所投资的公司进行治理变革。[①] 在股东主张能够对管理层决议施加影响的基础之上，"深度绿化"的实现是完全可能的。然而，现实中持股比例较低的散户投资者仍然存在着"消极股东现象"，他们拥有较少的话语权，没有能力对企业经营行为提出有建设性的价值主张，往往会选择消极不作为。当然，这又是另外一个话题。

二、构建战略型董事会

董事会是股东会选举产生的代理机构，主要负责公司战略的制定和决策，并对整个管理层的战略执行过程进行监督，确保企业在规避经营风险的情况下进行正常合理的价值创造。

一家企业的市场发展、绿色产品、生态经济组合和竞争策略等因素都需要在公司战略的高度进行整合。董事会能够居于有利位置，为公司的战略计划拟定、战略风险管理以及战略实施过程带来多样化的

---

①墨比尔斯，哈登伯格，科尼茨尼. ESG投资[M]. 范文仲，译. 北京：中信出版集团，2021.

观点和资源，从而提升战略决策质量。

作为投资方推动 ESG 理念的重要抓手，环境与社会战略的制定与董事会治理水平息息相关。如果说股东会可以依靠"价值主张"输出，对董事会和高管层施加"深度绿化"和社会责任方面的理念影响，那么董事会则可以通过制定、监督和管理 ESG 战略，强化企业履职尽责的主观能动性。

董事会权力的配置情况，特别是董事在职位、薪酬与代理能力上的相对分布，将直接决定董事会相关职能的落实程度与执行力度。因此，如何有效提高董事成员在公司战略决策中的行动力，成为直接影响公司环境、社会绩效和股东利益的重要话题。

前几年，梵蒂冈的天主教教宗联合世界各地主要商业领袖和投资者，成立了一个基于天主教信仰的非营利联盟，被称为"利益相关者资本主义"。"这是一种公司治理，至少原则上致力于通过环境、社会和治理战略最大限度地提高客户、员工、社区和广大公众的利益。"①对于社会主义市场经济语境之下的企业而言，董事之间的关系契约也应当建立在对 ESG 理念的共同追求之上，并作为一种隐性机制调节着董事团队的决策制定。董事会治理水平越高，越能够从制度上拉动 ESG 投资效率。董事自身的环境偏好和敏感性也会为管理层的投资决策提供相关建议和资源帮助。

同时，董事还可以发挥监督职能，抑制管理层有违伦理的环境失责行为。当然，董事会监督与管理层败德行为之间会存在一种动态平衡关系。"当监督成本明显大于监督收益时，会减小监督强度；而当

---

① Matteo Corsalini. ESG capitalism from a law and religion perspective[J]. Religions，2023，14（418）：2-15.

监督收益明显大于监督成本时，会加大监督强度。"① 由此可见，董事会的监督机制是保证公司正常运营和避免风险的重要手段。

投资方与融资方的绿色转型都需要对发展理念和组织结构进行革新。一个视野宏阔、革故鼎新的董事会可以将先进的环保和社会责任理念传递给管理层，并推动管理层将环境与社会责任纳入投资决策体系。这既是 ESG 投资中 G 的应有之义，也是董事会伦理水平和战略选择的彰显，为我们思考 G 与 E、S 之间的关系提供了新的路径。

若是从相互独立的视角来看待 ESG 的组成元素，E 是一种环保层面的绿色导向，S 是社会责任层面的履行，那么 G 应当视作保障 E 和 S 顺利执行的制度机制。若是从整体视角来通盘考虑这三个概念，环境、社会、制度保障三者之间是彼此不可分割的整体。环保实践也可以视作一种社会责任，社会责任也应当包含人与自然互利共生的生态观，公司治理是从自然法则中脱胎而出的权力架构，它又离不开自然环境提供的"孕育空间"与社会提供的"演练场域"。

董事会决策过程也是权力架构中的一种力量博弈，充分有效的对话探讨不仅为支持环保和社会责任的声音提供了更多的表达机会，减少了董事之间的误解和冲突，也提高了环境和社会责任事项在董事会决策议题中的比重，从相关决策制定到具体执行层面进一步强化了董事权威与环境绩效的关系。

董事职业背景的异质性也至关重要。拥有不同经验和技能的董事能够加速构建纵横交织的社会网络渠道，为公司带来资源、信息和声誉上的竞争优势，展现有价值的创新观点和多元化的认知视角，为董

---

①姚海鑫，陆智强. 上市公司董事会结构与经理败德行为的关系研究——公司财务的视角[M]. 北京：经济管理出版社，2011.

事治理能力发挥和参与性决策提供充分的战略支持。

在董事会发挥履职能力过程中，企业的环境保护行动和对外捐赠、公益慈善、质量安全等社会责任行动将会一同被纳入企业社会责任体系中，实现E与S的有机交融。董事会关于企业社会责任的履行也以提升环保福利为基点逐步向社会道德以及公共利益拓展，发挥投资行业在实现"天下大同"征程中的金融力量。

如果一个环境议题成为董事会议程的优先讨论事项，是否就意味着贯彻落实层面的高枕无忧？如果董事会对企业ESG信息披露报告进行单独审议，是否就意味着相关信息能够精准锁定公司的ESG目标和关键绩效，不存在讳疾忌医、扬长避短的"选择性披露"？

虽然许多投资机构在董事会层面设立了ESG专项委员会，但是整体的ESG治理框架仍显单薄。从权力运行角度来看，当前公司治理层面制度资源的供给不足或许成为企业贯彻落实ESG理念面临的较大挑战。ESG的落地执行不仅仅是单一战略，董事会既要保证战略制定质量，又要引导决策落实，必须考虑将ESG与业务战略、人才战略和运营系统等深度融合，从而发展出包括沟通体系、财务管控和人力资源制度在内的新的组织结构，避免造成管理成本过高的情况。

此外，董事会需要设定不同层级的权责清单，对治理边界、重要性水平、决策程序等加以分类明确，在此基础上对ESG议题进行重要性排序，明确识别自身和利益相关方最关注的议题，及时对企业战略布局和发力方向进行调整优化，并主动参与到ESG的风险识别、评估与管理中，检测和回应企业ESG方面的风险和机遇。

董事议事执行能力的高低关系到环境责任与社会责任履行的高低优劣。董事必须对企业战略规划和市场环境有着清晰的认知，通过对企业及利益相关者成本收益的分析，预判市场容量、盈利前景、潜在风险与公司战略体系的协同性，在了解业务具体特性和运作逻辑相关知识的基础上，确保公司的资源配置决策与其战略相适应。

当然，我们也不能遗漏了董事中的一个重要群体"独立董事"。在英美公司治理层面，由于独立董事相对独立于内部董事，与公司经营管理者利益冲突较小，因而在监督能力的发挥上具有较大的自主空间。这对于中国公司治理实践也有一定的启示。因此，从理论上来说，董事会中独立董事的比例越高，越有利于为企业绿色项目和战略决策提供多元、专业的意见，越有可能维护投资者和其他利益相关者的权益，防止公司管理层为了短期经济利益而做出不利于环境保护的行为。

董事会接受股东会的委托时必须具备明确的权限才能实现股东资产保值增值。董事会怎样获得授权，获得哪方面的授权，在什么样的条件下行使董事会的权力、行使权力的期限，以及权力行使不当时如何救济，在公司章程中都应该有详细明确的规定，否则在实践过程中有可能触发一系列法律风险。

三、监事会的忧伤

投资方与融资方在"山河向绿"的时代原野上携手奔跑，环境保护和社会责任的信息流如潮水一般穿过投资决策的每个环节，并附着在项目上做功，源源不断的能量转化为每一名利益相关者向往已久的健康、财富和爱……

美好的愿景并不能阻挡我们立足实际发出一连串凌厉的追问：当

一家公司的股权过多地集中在单个或少数股东手中时，小股东的合法权益如何才能得到有效保障？当一家公司的董事会和管理层滥用职权或玩忽职守时，带给公司的负面后果又将如何及时止损？

为此，我们有必要回到"三会一层"权力架构的底座重新出发，聚焦制度资源的供给与再生而上下求索。因为唯有在制度的约束制衡下，权力才不会逾越法律与道德的边界，公司和股东的权益才能得到有效保护。这也使得一个词跃入我们的眼帘：监督。

在甲骨文里，"监"这个字描绘了一个人低首俯身面对盛水器皿的画面。因此，它的本义是以水为镜，照视自己的影子，所以古人把可以照看人影的器物称为"监"。由于这种照视是由上往下看，因而又引申出监察、监督等含义。

作为中国古代中央监察制度最重要的组成部分，监察谏议制度的历史比较久远。战国时期，齐国设"五官"制度，包括大田、大行、大谏、大司马、大理。其中，大谏、大行属监察官。有的国家设御史、郎官，承担监察职能，也有的国家设内史，负责"节财俭用，察度功德"，承担防贪审计的责任。

在《吕氏春秋》中，记有这样一段话。

> 管子复于桓公曰："垦田大邑，辟土艺粟，尽地力之利，臣不若宁速。请置以为大田。登降辞让，进退闲习，臣不若隰朋，请置以为大行。蚤入晏出，犯君颜色，进谏必忠，不辟死亡，不重贵富，臣不如东郭牙，请置以为大谏臣。"

这段话中的"大谏臣"是真正意义上最早的谏官设置。到了汉代开始有谏大夫，隋朝又开始设纳言，宋代又出现司谏、正言，并置谏院。宋代的司马光、欧阳修、范仲淹、王禹偁和苏辙都曾担任过谏官。通过进谏，可以减少政策出台的失误，提高行政效率和质量。

现代意义上的监事会制度起源于19世纪的德国。当时，公司的规模化、股份化发展到了一定阶段，设立监事会的初衷就是监督公司的财务会计状况，防止董事会和管理层从事损害公司和股东利益的行为。这项制度自问世以来，已经为多国效仿，但在运行中也逐渐暴露出各式各样的问题。由此，"监事会"也成了一个让人既爱又恨的词汇。

中国的监事会制度是从德日治理模式中取经形成，一般由公司股东依法选举出的监事，以及公司职工民主选举产生的监事共同组成。监事会代表股东会行使监督职能，通过征集各个方面的议案，经过审议、表决后形成具有法律效力的决议，对公司的财务、内控以及公司董事、高管人员的履职情况进行监督，保护中小股东的利益。但是在实际运行中，监事会对公司违规造假、大股东掠夺小股东利益等现象往往监督乏力。

现象的表征需要从深层运作机理上求解。在现行公司法人治理框架下，监事会与董事会平行设置于股东会之下，监事会是股东会领导下的公司常设监察机构，受到股东会"票决"机制的决定。但是在股东会选举产生股东监事时，并没有形成对监事候选人提名方式及程序的专门规定，导致对监事的提名权基本集中在大股东手上，这使得我们有理由怀疑，监事会成员如何监督代表大股东利益的董事会和管理层？ESG理念在公司的贯彻落实又将如何得到保障？

更有甚者，一些监事会在处理风险管理和内部控制相关工作中，缺乏对内部稽核工作的关注，不能有效开发各类指导性措施的价值，难以为监督整改工作的优化处置提供必要支持，也使得整改督促工作难以取得理想的成效。

身份是一组有力的社会安排，在这种安排里，人们建构了有关他们是谁、他们如何联系和对他们发生了什么的共享故事。[①]监事会的"履职缺位"从另一个维度上也反映出监事"身份认同"上的迷失。如果监事会不能将维护股东、公司、债权人以及社会公众的合法权益作为开展监督工作的立足之本，那么公司治理理论层面建构的"身份认同"也将在实践中土崩瓦解，并进一步固化企业员工对监事会的刻板印象，更奢谈在规避环境污染、市场垄断、走私贩私等问题上提供先见之明。

那么，监事会与环境、社会又有什么关联呢？投资方和融资方履行环境与社会责任不仅意味着企业创造利润对股东和员工负责，也体现在企业必须承担对客户、社区和环境的责任，这是企业为了改善利益相关者的生活质量而贡献于可持续发展的一种承诺，承诺的背后离不开一个有效监事会的支撑。

当然，由于公司的核心事项和关键内容往往是由董事会和管理层掌握，监事会存在着获取信息滞后的问题，即便是获得了相关信息，也可能是经过了筛选过滤，只存在"部分真实"的信息。况且，在董事会与监事会的互动方面，现有制度并没有对董事会主动向监事会报告的事项、频率和内容要求做出明确规定。因此，解决监事会的"成

---

①蒂利. 身份、边界与社会联系[M]. 谢岳，译. 上海：上海世纪出版集团，2008.

长烦恼"首先要从立法上赋予监事会诉讼权，由监事会代表公司来维护公司及股东的利益和形象；其次要赋予监事会监管董事会的权力，董事会要定期向监事会提交财务报表，让监事会能够对公司的财务状况进行查阅，并对有疑问的地方提出意见建议；最后应细化监事的具体监督责任和相关奖惩措施。

投资方的监事会应当在 ESG 投资方面履行识别风险、防范风险和解决问题的监督职能，不能仅仅进行 ESG 项目财务或者风险的事后监督，而是更注重将履职的着力点前移，比如对 ESG 战略的科学性、经营层执行战略的有效性把控等问题进行事中监督。在 ESG 治理体系建设与运行过程中，监事会可以将 ESG 管理、绿色金融发展、消费者权益保护等事项列入监督重点，监督董事在 ESG 理念落实方面是否具备适当性。融资方的监事会应当注重检查自身在环境污染事故、产品质量、劳工权益、环境信息披露等方面的合规情况。

制度的约束制衡不能仅仅依赖于企业内部监事会的行权，将目光投向外部世界，监管机构和行业协会一直都发挥着举足轻重的作用。人们不会忘记在宽松货币政策和金融监管缺失下，2008 年雷曼兄弟的陨落如一道惊雷，炸懵了一大批金融机构和实体企业，信贷冻结、经济放缓、失业上升……人们也不会忘记 2010 年深陷债务泥淖的希腊财政危机波及欧元区 16 个国家，导致整个欧盟面临分崩瓦解的危机……

监管机构和行业协会正是从优化股权结构、保护小股东利益和加强风险管理等方面着手对金融行业进行管理，维护市场的公平、透明和稳定。因为金融机构一旦出现危机，大量实体企业的资金链将面临断裂，其他关联方也将如多米诺骨牌一般纷纷倒下……

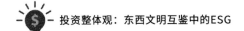

为了筑牢风险防火墙，监管机构应当强化"牌照准入管理"，对金融机构实行分业经营和分业监管。为了防止市场操纵和欺诈，监管机构应当制定并执行更加详细的有关交易行为的规则和标准，要求金融机构和上市公司必须定期进行信息披露，保护投资者的合法权益，并通过设定和执行风险管理政策，控制金融体系内外部风险。行业协会不应局限于组织会议、举办培训、沟通协调等职责，而是要制定行业规范和标准，加强行业调研，帮助企业改善经营成果，为维护行业声誉以及推动会员单位之间的交流合作发挥更加重要的作用。

对监事会追根溯源的探究，有助于我们更加理性审慎地把握其诞生的"初心"与现实困境，在"天理法情"的指挥棒下，进一步将中华文化中"监督"的内涵与西方监事会模式进行合理融通，既响应监管层的外部发力，又发挥公司内部治理结构的制衡监督功效，通过增强公司价值创造能力，实现"天人合一"和"天下大同"。

四、管理层薪酬黏性与股权激励

一家矿业公司的管理层妄想瞒天过海、暗度陈仓，在无相关采矿资质的情况下，大肆越界盗采，攫取经济利益，最终导致地下水污染、土地盐碱化，将一家声誉卓著的公司推向万劫不复的"舆论旋涡"。管理层被依法处理后，一个值得我们深度警惕的问题跃然纸上：在公司治理结构中，究竟应该如何规避管理层的寻租行为，激励他们合法合规地参与市场竞争？

采矿业的治理结构在很大程度上是由股票市场、私人股本在国家发展中的历史和国家竞争监管之间的相互作用形成的。[1] 这是西方学者在研究锂矿股权治理中得出的结论。虽然将公司治理放置在政治、社会、经济力量博弈中观照更利于洞察问题的本质，但是多种力量博弈的最终结果一定还是要落实到管理层的具体执行上。为此，以管理层为切入口进行剖析，由外及内、表里互动，也能助推问题的解决。

管理层是企业决策和运营管理的核心，也是制定战略目标、经营计划和市场前景时的首要信息知情人。他们不但对公司进行管理并制定投资决策，还可以准确了解公司价值的细微变动，在公司战略制定和执行中发挥着中坚力量。

集盈利功能和社会服务职能于一身的公司管理层，不仅受托于股东，而且要对雇员、消费者和广大公众负责。在股权制衡相对较高的公司中，股东会积极参与公司治理，对管理层权力形成较好的制约效应，使管理层控制公司的主观意愿和实际能力转化为贯彻董事会决策的执行力，从而提高企业的运营效率和质量。然而在现实中，由于管理层会利用手中的权力实施机会主义行为，因此许多公司往往会存在"实际控制人缺位"的现象。

从践行 ESG 投资的角度来看，这里存在着一个悖论。由于投资方的股东难以直接观测到管理层的日常行为，只能依据过去和当期绩效支付管理层薪酬，因此，管理层都有通过提高短期绩效获取高额薪酬的强烈意愿。但是，如果 ESG 投资带来了短期业绩的下降，管理层还

---

[1]Emilio Soberon Bravo. Governance on lithium mining shareholdings: Expanding Environment, Social and Governance（ESG）indicators to economic regulation and raw material politics[J]. Mineral Economics，2023（36）：335.

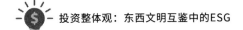

会坚持这种绿色投资行为吗？

管理层是企业实施绿色战略、推进 ESG 投资的"先行官"。如果管理层因为笃定绿色投资行为而导致未来的财务回报不确定性增加，甚至影响到个人薪酬时，大概率会选择放弃 ESG 责任履行，那么，公司治理的制度保障功能是否就沦为镜花水月和梦幻泡影？

一般来说，绿色投资的投资数额大、影响时间长、变现能力差，而且环保设备和技术更新需要投入大量资金，极大地增加了不确定性风险。如果管理层将部分资金用于绿色投资，必然会挤占其他回报率更高行业的投资，导致公司短期利润下降。

既要让管理层有效履行环境和社会责任，又要取得可观的投资收益率，这实际上是让管理层"戴着镣铐跳舞"。笔者以为，与企业经营业绩紧密挂靠的薪酬激励制度，并不利于提高管理层的绿色投资积极性。这迫切需要设计一个更加有效的激励机制，充分调动管理层绿色投资的积极性。

公司治理体系中的薪酬与股权激励为我们解决管理层绿色投资的两难选择提供了方向。如果能够打破以会计盈余为基础的薪酬激励，建立一个具有容忍度的薪酬黏性机制，就可以通过容忍那些积极努力的管理层可能存在的短期投资失败和业绩下降风险，激励他们更加关注长期业绩，提振绿色投资信心。

这种具有黏性的薪酬契约安排必须能够让管理层在业绩增长时获得奖励，在短期利润下降时一定程度上免于惩罚，缓解管理层为了规避投资风险而过分保守的投资行为，有助于将管理层的薪酬与 ESG 中长期绩效挂钩，促使其更有意愿和动力去关注 ESG 事项，并纳入资产配置框架和投资决策流程。在这个意义上，管理层的私人利益与股东利益能够保持内在一致，利益相关者也能共同享受到绿色转型带来的红利。

当然，薪酬黏性并不代表即使管理层选择"躺平"也能高枕无忧地获得较高收入，而是意味着薪酬容忍度相较之下的增强。这不仅有助于 ESG 理念在投资机构更加广泛地落地生根，而且可以引导资本流向低碳领域，弥补绿色投融资的巨大资金缺口。正如"吉登斯悖论"所揭示的那样，严峻的气候环境并不能让人类在短期内实实在在地觉察到紧迫性和危险性。从这个意义来说，适当的薪酬黏性可以保证管理层在开展 ESG 投资时不用过分担忧可能对物质回报造成的影响，做出符合"天道"与"人道"的投资决策。

股权激励与薪酬黏性具有异曲同工之妙。作为一种长期激励机制，股权激励本质上是公司所有者与经营者订立的合约，代表股东给予推动 ESG 投资的管理层某种程度上的激励。股东在给予管理层部分股东权益时，也要附上一定的条件，让管理层以股东的身份参与企业决策、分享利润和承担风险。随着管理层持股比例的增加，分散的股权趋于相对集中，管理层私人收益和企业长期利益将会形成深度捆绑，可以较好地约束和引导管理层做出有利于企业长期发展的投资决策。

无论是薪酬激励还是股权激励，都属于一种市场化的、动态的、长期的物质激励机制，对企业的长期投资行为将会产生深远影响。将二者并用，可以合理地平衡管理层的剩余控制权和剩余索取权，使得管理层的收益与公司 ESG 投资的业绩有机融合在一起。

之所以在管理层薪酬及股权激励体系中纳入 ESG 因素，首先是为了激发管理层的积极性和创造力，其次是为了向利益相关方传递"积

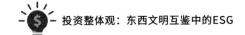

极 ESG 行动"的信号，最后是通过管理层权力与投资效率的交互影响，在商业价值和社会价值的良性循环中提高投资方的 ESG 绩效和竞争力，拓宽融资方的估值水平和融资渠道。

第九章　信息披露、风险合规与商业道德

将信息披露、风险合规与商业道德单独拎出来自成一章，实际上还是因为公司治理这个"筐"装载的内容太多、太杂，以至于不得不将这三个比较重要的事项集中在一起进行专门论述。

ESG 信息披露是企业尊重利益相关者知情权和参与权的表现，旨在保护投资方和融资方以及利益相关者的合法权益，当然"漂绿"行为又会触碰到风险合规的红线和商业道德的范畴；风险合规主要目的在于构建以合规义务为主线的合规制度，通过风险识别、制度建设、合规审计等方式检视企业发展中存在的问题；商业道德主要在于如何扎根中国传统文化，重塑商业社会的道德机制，使之成为加强合规监管和预防腐败过程中人类心头的"道德定律"。

这三者看似彼此独立，但是又相互影响。信息披露的好坏优劣既是一个风险合规问题，也是一个商业道德问题。风险合规与商业道德也存在着交集，凡是违反商业道德的行为一定也会造成风险，也属于风险合规问题，凡是触碰风险合规红线的事件在商业道德上一定也难以立足。正因如此，我们既对它们进行逐项解析，又将它们放置在公

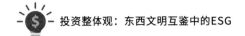

司治理结构中进行融会贯通。

一、跨越信息披露"陷阱"

企业为什么要进行信息披露？为什么使用信息披露这个概念而不是信息透露或者信息揭露？这需要我们深度解析披露、透露与揭露这三个词汇，重点把握"披""透"与"揭"的区别。

披露一词较早的出处可以追溯至南朝范晔在《后汉书·郎颛传》中说的一段话："臣生长草野，不晓禁忌，披露肝胆，书不择言。"披露在这里的意思是主动通过正规渠道对某人或某事的揭示，光明正大、坦坦荡荡地对自身的优势或劣势进行宣布。

透露则不然。"透"有通过、穿通的意思。明朝的唐顺之在《与张本静书》中这样写道："然真景相逼，真机亦渐透露。"透露指的是一种被动或者无意的公开，是一种私下的通报或走漏。

揭露的含义主要在"揭"。"揭"是把盖在上面的东西举起来，或把黏合着的东西分开，目的是使隐蔽的事物凸显出来。

企业在生产经营过程中既可能对公众产生利好信息，也可能对公众产生不太友好的信息。除了一些应当保守的商业机密外，企业不应当刻意隐瞒或者消弭已经发生的事实，而应该通过正规渠道进行官宣。在这个意义上，使用信息披露一词实至名归。

ESG信息披露是企业对自身在生产经营过程中涉及的环境、社会和公司治理等方面的信息进行披露，这些信息是企业非财务信息的重要组成部分，比如企业在经营和投资过程中对资源的利用和对污染物的排放可以归类为环境信息，企业与利益相关者的关系协调可以归类为社会信息，企业内部治理结构和治理效应可以归类为公司治理信息。

通过信息披露能够防范公司大股东损害中小股东和其他主体的利益，解决大股东与中小股东及其他利益相关者之间的信息不对称情况。公司透明度的增强有助于社会公众监督企业 ESG 落实情况，激发企业关注自身在生产运营、品牌声誉、社会责任、员工激励和环境保护等方面的工作进展。

当有关环境、社会和公司治理的信息及时准确地传递到市场时，投资方能够通过收集整理信息，对融资方做出更加综合多维的评估，选择自己的投资方向和投资程度，融资方在信息披露中表现出来的环保价值观能够帮助自身建立良好的声誉，获得外部资源支持。

与此同时，ESG 信息披露能够倒逼投资方与融资方将环境、社会和治理因素纳入公司战略和运营过程，加快知识、非财务信息和其他资源的整合，提高内部控制有效性。"在传统风险分析模式饱和运作的情况下，把 ESG 信息作为重要的增量分析要素吸收进来，既是符合逻辑的理性选择，又是一种市场需求驱动的现实发展方向。"[1] 投资方可以在识别 ESG 风险并把握市场大势的基础上调整业务模式，提升财务绩效；融资方可以吸引可持续资金流，降低企业的整体风险，并与投资方一同完善资本市场法治建设。

既要追求经济利润，又要进行 ESG 信息披露，更要防止披露的信息影响到利润增长。从维护企业自身利益而言，披露的信息越有利于企业越好，但是这又违背了信息披露的真实性原则。利益是铤而走

---

[1]陈璞. 义利螺旋：ESG投资的逻辑与方法[M]. 北京：东方出版社，2023.

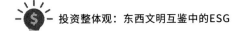

险的助推力，随着粉饰美化公司业绩不按规定披露信息的现象粉墨登场，信息披露数据在可得性、可用性和可靠性上大打折扣。当企业习惯于以虚假和失实的信息误导 ESG 报告使用者时，将会扭曲市场与企业之间的正常信息交换机制，造成 ESG 信息披露的"陷阱"。

从长期来看，这种粉饰环境信息的企业"漂绿"行为不仅会干扰投资方的投资决策，也会使那些真正采取环保行动的融资方处于不利的竞争地位，加剧了外部利益相关者与企业之间环保信息的不对称程度，特别是当一些名不副实的金融产品混迹于 ESG 产品中时，市场上将会有大量的资金流向不符合环境要求的领域，在引发资源错配和浪费的同时，对企业财务绩效和非财务绩效造成双重伤害。

操控信息披露时机也是一种"隐形陷阱"。某些融资方为了融资目标忽视了信息披露的及时性，选择在最适宜企业自身利益的时机进行披露。这将会导致一些本就处于信息劣势地位的竞争者形成对企业的错误判断，在企业估值背离企业基本面的情况下，使投资方做出一些不理性的投资决策。

当前，大部分企业对 ESG 信息的收集流程、统计方法、溯源要求和审核鉴证尚未建立起相应的内部运作机制，不披露、少披露、利己披露、定性披露等情况随处可见，投资方只能依靠行业内没有标准化的 ESG 评级结果进行投资。虽然有的企业结合环境、社会责任和公司治理进行一级、二级、三级指标分类，但是指标包含的内容及权重五花八门，加总得到的 ESG 综合评分并不能真实而充分地展现企业作为。

跨越 ESG 信息披露"陷阱"必须保证披露的信息真实准确、客观完整，而且具备可追溯、可核实的条件。企业需要建立内部控制体系及相应控制流程，加大内部监督及核查力度，尽可能通过可量化数据的披露公允地反映环境和社会责任方面的风险机遇对企业商业模式、财务状况、经营业绩和现金流量的影响，为全人类应对生态变化提供扎实的基础数据。

对于那些同时关注企业财务和 ESG 业绩的机构投资者来说，在 ESG 披露精度相对较低的情况下，随着 ESG 披露精度的增加，他们的福利也会得到提高。[①] 因此，企业的 ESG 报告需要向利益相关者传递在年报等财务指标体系中无法体现的非财务信息，必须用有意义的数据和案例说话，可以采用国际通用或者行业通用的 ESG 披露框架和指标，兼顾正面与非正面信息，使得利益相关者能够全面评估企业能否完成长期价值创造和可持续发展的承诺。

从政府角度来说，应当强化制度约束力，逐步推进企业从"自愿披露"向"自愿披露"和"强制披露"相结合过渡，将对关键指标的信息披露责任提高到"不遵守就解释"的层面，甚至进展到"强制披露"，对不执行披露义务或隐瞒信息的企业给予处罚，并引入 ESG 投资产品独立绿色鉴证机构，对企业 ESG 报告和 ESG 投资产品进行独立鉴证。

此外，投资方的董事会也应当担起"守门员"的职责，督促本企业的管理层加强对投资项目可能引发的环境、社会风险的评估，制定并实施相关战略和风险管理，对融资方可能出现的"漂绿"行为形成有效制约。另外，也可以在董事会中增加拥有气象学、生态学以及社会学、政治学等专业履历的董事比例，打破"唯经济金融专业论"的

---

①Yucheng Ji，Weijun Xu，Qi Zhao，et al. ESG disclosure and investor welfare under asymmetric information and imperfect competition[J]. Pacific-Basin Finance Journal，2023（78）：8.

窠臼，形成董事知识储备的多元结构，提高董事从多维度上识别、评估和审议重要环境议题、社会议题的能力。

二、"碳审计"的本质

关于如何跨越 ESG 信息披露"陷阱"的叙述，引出了公司治理结构中另一个不可或缺的重要组成部分——"碳审计"。这是一项追溯碳足迹并进行审计的工作，也是保障 ESG 信息披露精准的前提。

虽然西方发达国家关于"碳审计"的研究与实践早已如火如荼，但是国内仍然处在研究探索的初步阶段，规范性研究多，实证性探索少。正因如此，国内致力于碳中和事业的人士更需要深挖"碳审计"本质，在借鉴国外成功经验的基础上促进低碳经济发展。那么"碳审计"究竟是什么呢？

为了弄清"碳审计"的来龙去脉，我们有必要在公司治理结构体系中深入探究审计、"碳审计"与 ESG 信息披露的关系，特别是"碳审计"的理论基础、内容边界和工具方法，以期通过制度完善和流程创新，帮助企业取得更好的环境与社会表现。

审计是一项独立客观的经济监督活动，以确保公司对其运营的控制程度，提供有助于改进并创造价值相关性的建议，因此也是绩效的关键因素。[1] 在董事会设立的专门委员会中，审计委员会主要负责监督财务报告过程和鉴证企业非财务信息的披露，抑制管理层可能出现的"选择性披露"现象，进而提高 ESG 信息披露质量。

---

[1] Abir Hichri. Value relevance，integrated reporting and the moderating role of business ethics：Evidence from European ESG firms[J]. Audit quality，2023（4）：665.

作为环境审计的一种制度安排，"碳审计"起源于西方社会相关监督管理部门和社会公众对企业履行社会责任情况的监管需求，它不仅具有审计固有的监督职能，还具备经济评价和经济鉴证职能，是由独立的审计机构对政府或企业在生产运行过程中的碳排放量和碳消耗行为进行检查监督，并出具审计报告的活动。

有效的内部审计是公司治理结构不可或缺的组成部分。如果说公司审计委员会可以通过内部审计这个"耳目"监督评价会计制度和其他控制制度的有效执行情况，那么"碳审计"就是要通过外部审计机构对企业低碳生产经营、资源利用、财务信息和社会责任履行等活动的公允性、合法性和效益性进行检查和鉴证，并将结果传达给利益相关者。

"碳审计"通过对 ESG 理念的贯彻，成为推动环境治理不可或缺的手段，也是 ESG 理念在实践中的应用。它是对企业碳排放责任、碳排放行为、碳排放相关信息以及碳排放环境影响的审计，主要检查指标包括碳财务、碳排放量、低碳合规和低碳绩效等。

碳财务审计主要是对碳减排资金的使用状况进行审查，旨在鉴证碳信息的排放和披露是否真实反映了碳排放的资产、负债和收益；碳排放量审计主要是对企业生产经营中直接或间接的碳排放行为进行审计；低碳合规审计主要是对企业经营管理过程和经营程序是否合理进行审计；低碳绩效审计主要是对碳减排目标和政策落实结果的审计。

"碳审计"能够增加企业在追求经济绩效的同时承担环境治理责任的动力。审计的检查力量可以促进碳中和规则在不同企业之间有效传递，形成与环境治理系统和社会责任系统相耦合的企业新型应对规则。然而，摆在我们面前的问题是：企业应当采取什么样的应对策略主动履行碳减排责任，并在碳中和目标下构建行之有效的"碳审计"框架。

企业一方面需要对接好国家审计和社会审计，另一方面需要夯实内部审计，特别是对产品碳足迹的追踪审计。国家审计主要是从宏观上制定碳中和路线图、分配碳排放配额、保障碳交易市场运行、挖掘碳汇潜力并对企业违规行为进行问责约束。社会审计是由注册会计师依法接受委托，对企业提供的碳排放信息报告进行独立审验。"外部审计人员不对财务报表的数据或准确性负责，而是通过对管理和财务报告程序进行审查，来降低财务报表的重大错报风险。"①收集信息、现场调查、核算碳足迹，并生成"碳审计"报告的过程也是对管理层投机行为有效识别的过程，能够倒逼企业提供合法合规的ESG信息。

企业内部审计主要是将ESG理念纳入企业战略愿景和价值追求中，健全ESG内审议题的审议决策机制，加强对企业ESG履行情况的回顾、考核和责任追究，尤其是注意对企业核心层级、重点区域开展"下沉式检查"，通过碳交易事项、碳足迹核算和碳信息披露等方式公允地反映碳排放情况。

笔者以为，环境层面的"碳审计"可以结合碳中和目标，重点关注企业碳排放监测体系在企业绿色转型中如何释放效能；社会责任层面的"碳审计"可以重点关注企业在社会公益、乡村振兴、优化营商环境等方面的贡献及量化指标；公司治理层面的"碳审计"可以结合企业发展目标，重点关注经营治理结构是否合理等内容。

低碳型社会的形成离不开企业在"碳审计"层面的孜孜以求。融

---

① 拉克尔，泰安. 公司治理：组织视角[M]. 2版. 严若森，钱晶晶，陈静，译. 北京：中国人民大学出版社，2018.

资方应当结合当前国内外法律法规、行业标准和监管要求，研究设定符合自身特点的"碳审计"重点关注事项，明确各项量化指标的计算方式及权重配置，在规定的空间和时间边界内进行碳足迹核算，这条足迹究竟有多长，也许只有"碳知道"。

　　　　我愿化作那一抹晚霞

　　　　用余晖守望山涧里的人家

　　　　我想成为遗落的种子

　　　　将青春绽放出翠嫩的新芽

　　　　我会投身澎湃的春潮

　　　　令躯体长成荒野中的花茶

　　　　我要唱响高碳的挽歌

　　　　让布谷鸟的鸣唱响遍天涯

　　　　是谁将黑色足迹悉数擦掉

　　　　诀别了高高烟囱上的飘洒

　　　　任凭旋转的风叶搅醒美梦

　　　　瞧见摆动的水轮摇碎浮华

　　　　神州万里描摹一幅画

　　　　百川归海荡涤大地的面纱

　　　　绿色的寻觅穿峰过峡

　　　　我心里知道这是爱的回答

当然，"碳审计"不仅是对融资方的要求，对于投资方同样适用，主要是审计投资方的绿色资金配置比例、绿色项目碳减排效果、每单位资产的碳减排数值以及碳信息披露情况、碳足迹核算等。通过对投资方和融资方的行动策略进行审核，能够鉴证企业是否可以识别环境、社会的重大风险和机遇，在适应碳政策变化中积极行动，并将行动结果反馈到组织决策层及外部环境，为外部投资机构分析投资方和融资方的潜在盈利能力提供帮助。

可以设想一下"碳审计"不到位的情景。当融资方出于融资目的，采取种种"漂绿行为"，并向外部审计机构释放传达自身的"绿色形象"时，杂乱无章的信息会干扰甚至迷惑审计师的职业判断，降低审计质量。当资本市场的研究员搜集到了缺乏真实性的"碳审计"信息时，又会做出进一步的解读，然后传递给资本市场的投资机构，这种信息误导不仅会直接影响资本市场的效率，甚至牵一发而动全身，酿成极大的风险隐患。

当投资方在巨大的业绩压力下，试图从市场上引进其他机构资金做大资产管理规模时，当不计其数的竞争者瞄准高收益、低风险投资项目虎视眈眈时，投资方在洽谈合作中试图通过各种策略美化自身在碳减排方面的功效，竭力打造自身尽职尽责的"生态画像"与"社会人设"，这也可能导致市场上的其他投资机构乃至整个金融行业遭受严重损失。

总之，推动投资方与融资方在"碳审计"实践中实现"双向奔赴"也是企业践行ESG理念最直观的体现，有助于督促和激励企业对内外部环境和社会责任保持足够的敏锐度和关注度，将计日程功的碳减排"涓滴细流"汇入奔流不息的生态长河。

三、风险合规"千金方"

唐代"药王"孙思邈在《千金方》一书中系统地总结了唐代以前的医论和医方，提出生命的价值贵于千金，而一个处方能救人于危殆，价值更胜于此。

治"人体之病"攸关个体安危，治"企业之病"则是关系到更大群体的生存福祉。为此，我们从"治未病"出发，将《千金方》治病救人的理念引入企业风险合规管理中，对企业发展的风险点进行把脉问诊，让自具一格的药方发挥祛除病灶的功效，为企业长期而健康的盈利增长保驾护航。

风险是什么？风险代表着一种不确定性。与危险、灾难等具有高度确定性的破坏性后果相比，只有实际发生的风险才会构成危险或灾难。对于企业而言，常见的风险主要包括经营风险、财务风险和法律风险等。当难以辨识的风险不期而至时，如果不加以提前预防，其引发的链式反应就可能迅速蔓延至其他领域，甚至从根本上动摇企业的价值规范和文化秩序。

因此，将风险作为一个特定要素进行管理便成为当务之急。由于风险管理深嵌在整个企业的经营管理活动之中，因此，只有建立一套涉及风险识别、风险评估和风险控制的程序和方法，才能推动风险管理转化为公司治理习惯。

风险识别往往以企业的会计报表或业务经营数据为依据，但这些数据是在对过去事件描述的基础上，经过会计核算体系以及业务核算体系的归纳汇总形成的，风险识别停留在相对滞后和笼统的状态，难以直接揭示产生风险的事件的性质。所以，风险识别所依赖的信息必须要实现源头转变，从事后信息向事前、事中信息转变，从抽象信息向具体信息转变，从结果信息向原因信息转变。

风险评估是在风险识别基础上的一种"深度识别"。风险管理部门在获取基础信息后，需要对企业的资产重要性和脆弱性进行赋值，并据此判断安全事件发生的可能性和损失。这种评估实际上是在对企业或某个项目存在的弱点、面临的威胁以及可能造成的影响全面深入识别基础上形成的判断，在这个意义上，风险评估可以视作一种深度识别机制或者说是风险识别的归宿。

风险控制是对风险评估结果的运用。无论是投资方还是融资方，政策风险和市场风险总是会在资金的监控、责任认定与追究、预警和应急机制、流动性分析和预测中得以呈现。风险控制不是一场"被动防守"的比赛，而是融入防范对象的一种"合而共赢"。风险控制追求"可控的领域越大越好"，最大限度地平衡收益和成本。

风险存在于原因之中，引起风险的原因都是具体而细节的。实际上，企业在诞生之初，面临的主要风险是财务侵吞和信息欺诈，风险控制的主要任务是保证财产安全和信息真实。现代企业已经针对财物安全建立了比较成熟的控制体系和信息体系，面临的风险主要是市场竞争风险，所以风险控制更加关注战略风险和经营风险。

如果说管理层和财务部门是分别为了减少企业经营风险和财务风险而努力，那么可以说，合规管理就是为了防止或减轻企业因违法违规行为而遭受各种损失所建立的局部公司治理体系。它主要防控的是因经营行为违规可能受到刑事追究或监管处罚而带来的法律风险或信誉风险，当然这并不代表合规体系对企业的经营风险和财务风险视而不见。

合规管理体系要求企业按照法律法规制定内部规范，对违规行为进行持续的监测识别、预警防范和控制化解，通过在董事会之下设立合规委员会，在管理层设立首席合规官，在公司总部设置专门的合规管理部门，并在公司各个部门以及分支机构设立合规分支部门或合规人员，实现上下贯通的合规管理体系。

法律正在履行着排解和调和各种互相冲突和重叠的人类需求的任务，从而维护了社会秩序，使我们得以在这个秩序中维护与促进文明，所以它自始至终掌握了一种实际的权威。[①]那么，企业该如何从制度层面保证经营管理行为符合法律法规、监管规定和行业准则，又当如何解决企业因违法违规问题而面临的经济损失和声誉损失呢？这需要从企业合规机制建设中寻找答案。

作为公司治理体系的有机组成部分，合规管理与风险管理并不是相互独立的，而是相辅相成、彼此支撑，形成一种共存关系。只有洞悉风险产生的底层逻辑，才能筑造合规管理的大厦。如果风险管理失效，企业就不能有效识别风险并采取防范措施，甚至可能引发违法违规行为。因此，企业需要在明确经营风险偏好的基础上对投资业务开展过程中的法律合规风险进行实时监控，推进合规规则与具体业务的深度融合，形成契合投资业务的合规管理体系。

风险合规管理制度的制定和执行都是建立在人类共同的道德情感之上，也就是所谓天理。因此，在遇到实际问题时，不能简单地套用

---

① 庞德. 通过法律的社会控制[M]. 沈宗灵，译. 北京：商务印书馆，2010.

法律条文和制度规定来处理，而是应当结合民情、民意等实际情况，既强调公平正义，也讲求怜悯宽恕。"人类行为的规范，以及决定对民事活动何种行为应当负责以及如何负责的规范，都容有高度的个别化适用。"① 因此，风险合规的"千金方"并不能一味地采用猛烈的"虎狼之药"，也需要配合"温和之药"。

西方国家在刑法中确立了以合规换取宽大刑事处理的刑事合规机制，并在刑事诉讼法中确立了对合规企业的暂缓起诉协议或不起诉协议制度。中国的行政法中也确立了以合规换取宽大行政处理的激励机制，尤其是确立了以合规为基础的行政和解协议制度。虽然这种和解协议制度可能不属于法律文件的范畴，但是公法机关合规管理要求形成的外部压力会基于各种机制而转化为内部行动，影响到公司管理层的职务行为，从而塑造着公司治理的结构和内容。

法不外乎人情。"有些企业的关键性人物如果被起诉将会直接影响到企业的资金链条、客户维系，甚至造成企业破产，员工失业等重大问题。在这种情况下，情的一面就体现出来了。尤其是在非系统性单位犯罪案件中，犯罪行为是由董事、高管或员工自行实施的，而有效的合规体系足以证明企业既没有追求犯罪结果的主观意志，也不存在主观上的过失或者失职行为，而是尽到了管理责任和注意义务。"② 由此可见，天理、国法、人情是相互统一、相互依存的。

在风险合规管理中唯有一张一弛、刚柔并济，方可培育起浑然天成的风险管理体系和风险管理文化，既重视对风险源头的抓取，也注重搭建主动式、预防式的工作模式，让企业能够对自身存在的违法违

---

①庞德. 法律与道德[M]. 陈林林，译. 北京：商务印书馆，2015.
②陈瑞华. 企业合规基本理论[M]. 北京：法律出版社，2022.

规风险进行提前预防，迅速有效地回应风险状况和监管要求带来的挑战。

四、商业道德重构

当企业超越伦常德性疯狂地追逐利润时，由商业道德缺失引发的公司治理危机会将企业驱赶到道德困境的死角。虚假广告、职权滥用、内幕交易、资产负债率远超警戒线等一系列事件频繁曝光，企业将面临着股价腰斩、罚款诉讼、声誉下降……重建企业商业道德已成当务之急。

如果说前面章节在阐述企业家精神时主要是从宏观上对中华传统文化和西方商业文明进行嫁接，试图从使命担当与责任感召的维度寻找当代企业家精神信仰的源头，那么本部分谈论商业道德重构则主要是从公司治理角度出发，探求企业具体经营管理中商业道德管理体系的建设。

美国经济学家萨缪尔森认为，只要能在竞争的市场蒙混过去，商人便会把沙子掺进食糖里去。很明显，这是市场上的一种投机取巧行为，但是贾森·布伦南和彼得·贾沃斯基的观点却独辟蹊径，"在关于我们该如何买卖、贸易方面确实有些道德上的合理担忧，但是在我们可以对哪些东西进行买卖、贸易方面，任何担忧都不合理。①这种观点将思考焦点引向了对买卖方式与手段的道德拷问，却掩盖了对商品本身的道德质询，这意味着只要有需求，杀戮与贩毒也都能披上合理

①布伦南，贾沃斯基. 道德与商业利益[M]. 郑强，译. 上海：上海社会科学院出版社，2017.

性外衣。

笔者以为，正是由于商品需求背后存在着大量不合乎人伦的买卖，我们关于ESG与商业道德的探讨才显得富有针对性。恰恰是在如何买卖方面人类早已拥有了无数的策略，但是在买卖什么方面还显得"剪不断、理还乱"，因此，通过法律制度硬约束与道德准则软约束的双管齐下，才能有力规避与制止这种行为。

我们如何能使有价值的东西得到再循环？在过去，自然的丰富和无形的手能相当不错地处理好这些问题，但现在已再也做不到了，因此商家就有了一种新的义务。①的确如此，商家承担起将原始的初级产品雕琢成复杂高级产品的责任，同时也产生了相应的商业规范。

商业规范意味着从法律和社会道德层面考量企业的商业行为。如果说企业风险合规管理体系建设是从机制层面将法律法规变化和监管动态等风险合规要求转化为企业内部的规章制度，那么商业道德机制重构就是要从精神层面引导企业员工自觉遵循正确的价值观和行为准则。

作为职业道德的一种形态，商业道德是商业机构的工作人员在商业活动中应当遵循的、体现职业特征并调整职业关系的职业行为准则和规范，也是道德规范在具体商业情景和商业活动中的应用。违背商业道德的行为不仅损害竞争者和广大消费者的利益，也会对市场竞争秩序和整个社会公共利益造成负面影响。

站在公司治理视野中审视商业道德，我们或许会发现，企业不能仅仅依靠风险合规的"他律框架"来规制人的恶，还应该通过塑造商

---

①罗尔斯顿. 哲学走向荒野[M]. 刘耳，叶平，译. 长春：吉林人民出版社，2000.

业道德机制的"自律框架"来激发人的善。不论是法律责任的硬约束还是道德准则的软约束，都必须通过对公司"三会一层"以及员工行为的规范来实现。因此，以德行引领公司发展，促进商业行为合理化的过程也是公司治理的过程。

一个遵守商业道德的企业，在经济运行过程中可以产生道德收益。一方面，企业长期形成的道德价值观有助于增进企业与利益相关者的关系，减少因声誉下降带来的公关费用，从而降低合作成本和经营成本；另一方面，企业员工在具有良好商业信誉的企业里工作会感到心情舒畅，工作效率的提高可以为企业创造更多利润。

作为公司治理的题中应有之义，权力制衡虽然描述的是"三会一层"中几种不同力量之间的相互博弈与平衡，但是博弈的演化以及制度的最终生成都离不开正直、诚信等道德准则的支撑。正是在这个意义上，"援儒入商"能够为我们提供解决企业道德困境的新鲜思想。

请看《论语·里仁》中的一句话："富与贵，是人之所欲也，不以其道得之，不处也。"[1]意思是，富裕和显贵是人人都想要得到的，但不用正当的方法得到它，就不会去享受的。

用不正当手段达到的目的，不是正当的目的。[2]伦理道德是国家赖以存在的文化基础，仁义道德是人之所以为人的本原，如果一国之人普遍丧失了做人应有的道德品质，天下也就亡了。因此，培养和保持做人应有的品德节操不仅关乎企业的发展，更是关乎天下兴亡的大事。

---

①中华文化讲堂. 大学·中庸·论语[M]. 北京：团结出版社，2014.
②马克思，恩格斯. 马克思恩格斯全集（第1卷）[M]. 中共中央马克思恩格斯列宁斯大林著作编译局，译. 北京：人民出版社，1995.

对于投资行业而言，将儒家文化整合进商业道德，建立一套覆盖投资方、融资方和利益相关者的道德体系显得势在必行。一方面，可以确定企业必须遵守的最低道德限度，比如关注环境生态、积极扶助弱势群体、赞助捐献等；另一方面，企业可以主动停止或者放弃从事败德活动获得的收益，比如偷工减料、以次充好和违约拖欠等。

西方学者的实证研究结果表明，企业 ESG 评级与其周围的儒家文化价值观呈正相关。[①] 儒家文化倡导的"仁"有利于提升企业的环境信任度，"义"表达的是合乎长远利益的大义，"信"倡导的是忠信的道德标准。在企业内部，"仁""义""信"带来的道德约束可以有效减少企业不正当管理行为，提升企业内部控制有效性。"人而无信，不知其可也"[②]，在企业之间的契约谈判中，对"信"的坚守能够增加企业之间的相互信任，降低交易成本。

以上关于商业道德伦理的阐述并非一句空话。投资方在进行决策时，应当将融资方的商业道德履行情况纳入企业价值评估，通过有效的正面筛选和适当的负面剔除，形成一套既具有国际共识又兼顾中国特点的概念和指标体系，让商业道德机制成为调节利益相关者纽带关系的"信息桥"与"黏合剂"。

当然，投资机构的商业道德管理体系并不能代替一个有职业操守的管理者自身的道德觉醒与心灵开悟。管理者道德素质的高低不仅会影响企业整体的道德水平，一些牵一发而动全身的决策更是与社会公

---

①Panpan Fu, SeemaWati Narayan, Olaf Weber, et al. Does local confucian culture affect corporate environmental, social, and governance ratings? Evidence from China[J]. Sustainability, 2022（14）：8–18.

②中华文化讲堂. 大学·中庸·论语[M]. 北京：团结出版社，2014.

众的切身利益和经济秩序密切相关。当面临外界巨大的压力和诱惑时，管理者必须具备守正不移的意志，不能因一城一池之得失而泯灭了自身的信仰和道德标准。

虽然利益驱动会激发每个人对功利价值的追求，但是我们不能忘了"以义取利"的为商之道。在商业道德管理体系的引领下，企业会在潜移默化中将外在的制度约束渗入管理层和员工的思维中，形成个追求长期利益的企业综合道德框架，让企业通过创造更多合法合规合德的效益来实现世界经济的互利共享和共同繁荣。

附录：问卷、评分与模型

　　理念的剖析和理论的阐述最终还是要回到实践中应用。为了给投资行业提供一个更加便利的操作体系和参考框架，本书在附录部分融入"天人合一""天下大同""天理法情"元素，力求搭建一个以中国文化为主又兼通西方文明的"ESG 执行包"，包括 ESG 调研问卷、ESG 指标评分体系、"收益 – 风险 –ESG"最优解数学模型和负责任投资原则。

　　传统意义上的 ESG 调查问卷主要是面向企业员工发放，旨在了解企业在 ESG 执行方面的成绩与不足，但在面向社会公众进行 ESG 调研方面尚存空白，搜集到的数据往往也因囿于行业一隅，带有特定的价值偏好而缺乏说服力。

　　本调研问卷是站在行业角度，对社会公众展开调研，旨在通过基础信息层面的性别年龄与地域划分、环境层面公众对投资方生态作用的理解、社会层面对投资方职责的渴望，以及治理层面对投资方运营的判断，反映普罗大众的真实心声，因为投资方存在的终极意义是为了增进社会福祉，人们不应忘记机构的资金都来源于民间，最终也将回到民间。

笔者主张的"双向ESG"反映在ESG评分方面应该是将"融资方对投资方的ESG评分"与"投资方对融资方的ESG评分"结合起来，实现"双通道运行"。在此，笔者仅以"投资方对融资方的ESG评分"为例，搭建ESG评分指标体系，至于"融资方对投资方的ESG评分"与"投资方对融资方的ESG评分"最大的不同，主要是在社会责任层面体现国民收入增长和充分就业两个指标。

笔者在借鉴美国明晟、汤森路透以及国内的商道融绿、嘉实基金等较为成熟的ESG评价框架基础上，主动在"投资方对融资方的ESG评分"中融入中国传统文化元素，将环境、社会和公司治理3个一级指标分别对应人与自然、人与社会、人与身心3个维度，并分解形成9个二级指标和27个三级指标。

"投资方对融资方的ESG评分"，具体指标所依赖的数据不仅要覆盖权益投资领域的沪深300、中证500、中证1000、国证1000和国证2000等核心指数，还要包括党政机关、媒体、公益组织等发布的多样化另类数据，同时要紧密依赖对社会公众展开ESG问卷调查获取的一手信息。

"融资方对投资方的ESG评分"，需要监管层面牵头，并与投资方、融资方共同发力推动"投资方数据库建设"，对投资方的项目数量、资金流向、绿色项目带动收入和就业的数据进行详细追踪。由于一些涉及商业机密的项目可能不宜公开相关数据，可以由监管层统一掌握，当融资方选择"由谁来投"时，监管层可以给出相关投资方向和建议。

也许基于现有条件的评分并不能对ESG投资组合进行完美的量化，但这并不妨碍我们利用数学语言，在追求真理的道路上步步逼近最大的本相，并尝试提出"收益－风险－ESG"多目标最优解模型，以期从量化角度贯通中西方整体投资体系。

此外，在本书最后还会附上 21 世纪初联合国环境规划署和联合国全球契约组织共同倡议的 PRI 负责任投资六项原则。虽然这是一个老生常谈、随处可见的信条，但又无时无刻不为投资行业所反复重申。笔者希望与读者在这里一同去逐句回顾，让投资的期望、信念和认知凝聚而成的共识价值再度奏响 ESG 征程上的强音，就像铭刻在精诚大医心头的希波克拉底誓言，回荡在历史的长空……

ESG 调研问卷

尊敬的朋友：

诚邀您参与这项针对中国公司 ESG 实践情况的调研，帮助我们更加全面地了解不同的中国企业在生态保护、社会责任以及公司治理方面做了什么。我们希望通过对人与自然、人与社会、人与身心关系的探讨，更好地维护每一个人的健康、财富和幸福感。

您的意见对我们的研究非常重要，希望您根据自身实际情况和真实感受认真填写。本次调研问卷的回答没有对错之分，问卷填写截止日期为 ×× 年 ×× 月 ×× 日，诚请您抽出宝贵时间，协助我们完成问卷。

感谢您的支持！

×× 公司 ESG 评分统计小组

×× 年 ×× 月 ×× 日

基础信息部分（单选题）

1.您的性别为（　　　）

　　A. 男

　　B. 女

2.您的年龄在以下哪个区段（　　　）

　　A.18 岁以下

　　B.19 ~ 25 岁

　　C.26 ~ 45 岁

　　D.46 ~ 60 岁

　　E.60 岁以上

3.您的学历为（　　　）

　　A. 初中及以下

　　B. 高中 / 中职 / 中专

　　C. 大学专科

　　D. 大学本科

　　E. 硕士及以上

4.您生活的主要区域为哪个省份哪个城市（请填写）：_____

5.您的薪资大致在以下哪个区段（　　　）

　　A.3000 元以下

　　B.3000 ~ 5000 元

　　C.5000 ~ 8000 元

　　D.8000 ~ 12000 元

　　E.12000 元以上

6. 您的职业为（　　　）

    A. 在校学生

    B. 自由职业者

    C. 普通职员

    D. 企业管理层

    E. 政府人员

    F. 其他

环境部分（多选题）

7. 您认为人与自然和谐共生需要树立怎样的理念（　　　）

    A. 尊重自然

    B. 征服自然

    C. 保护自然

    D. 互惠互利

    E. 其他（请填写）

8. 您做过哪些保护环境的事情（　　　）

    A. 植树

    B. 捡垃圾

    C. 参与有关宣传

    D. 做义工

    E. 其他

9. 您觉得自己可以通过哪些方式来减少对环境的负担（　　　）

    A. 减少用水用电

    B. 减少开汽油车

C. 减少皮草消费

D. 购买绿色环保产品

E. 其他（请填写）

10. 您对ESG理念/绿色投资的了解程度（　　　）

A. 不太了解，不知道ESG中E、S、G分别代表什么含义

B. 有所关注，但不了解具体内容

C. 比较关注，但尚无ESG实践计划

D. 非常关注，且预计开展相关ESG实践

E. 这是针对投资机构在环境、社会、治理方面提出的要求

11. 您认为ESG投资可能会为企业带来哪些机遇和好处（　　　）

A. 获得超额收益

B. 有助于管理风险

C. 符合政策/监管趋势

D. 良好声誉影响

E. 体现社会责任

F. 满足客户/投资者需求

12. 您认为以下环境因素（E）中哪些与生活关联度最高（　　　）

A. 企业的碳排放和能源消耗量

B. 企业在土地利用、森林、水资源、生物多样性等方面的
   数据

C. 企业经营中产生的废水、废气、固体废弃物、有毒物质

D. 企业采用清洁技术，使用可再生能源

E. 企业有清晰的环保战略

F. 企业出现了环境违法违规事件

13. 您认为当地企业开展绿色投资时应该如何降低对环境的影响
（   ）

    A. 开发更环保的绿色产品

    B. 积极宣传推广绿色理念

    C. 加大企业的环保投入

    D. 其他（请具体说明）

社会责任部分（多选题）

14. 您是否了解绿色投资机构带动产业发展方面的情况（   ）

    A. 解决了一部分就业问题

    B. 主动纳税，增加了政府财政收入

    C. 捐资助学，深受百姓喜爱

    D. 社会责任感不足，需要增加社会活动

    E. 投资了一些环保不达标企业，口碑很差

    F. 不了解

15. 您怎么看待企业的社会责任（   ）

    A. 企业应当为社会做贡献，而不是仅仅盈利

    B. 企业只要做好盈利就行了，纳税就是在履行社会责任

    C. 企业应当在盈利的同时，促进劳动就业和居民收入增长

    D. 企业应当懂得分享发展果实，而不是对社会上的事不管
      不问

16. 如果您认为绿色投资机构的社会责任有待加强，那么应该做
哪些方面的改善（   ）

    A. 增加员工福利待遇

B. 热心公益慈善

C. 促进充分就业和共同富裕

D. 推动经济绿色可持续发展

E. 关注产品质量和消费者权益

F. 其他（请具体说明）

17. 您认为以下社会因素（S）中哪些与生活关联度最高（　　　）

A. 社会公平、共同富裕、精准扶贫、公益慈善

B. 产品安全和质量、隐私和数据安全

C. 反歧视、多元化、员工薪酬福利、反童工及强制劳动

D. 供应商 ESG 表现、客户满意度

E. 研发投入占比、知识产权保护、重大科技创新

F. 职业培训、员工健康、安全措施、职业病防治

18. 如果您是企业员工，那么您认为您的公司在下列哪些方面做得不到位（　　　）

A. 严格遵守劳动法等相关法律

B. 建立完善的员工申诉和解决机制

C. 建立完善的职业发展和晋升通道

D. 开展员工关爱活动

E. 员工薪酬福利体系不断升级

F. 公司非常重视知识产权保护及合规管理

公司治理部分（多选题）

19. 您觉得公司治理的定义是什么（　　　）

A. 公司治理是指公司的股东会、董事会、高级管理层和其他

利益相关者之间的关系和责任分配

B. 公司治理是指公司为实现目标而采取的各种规则、制度和流程

C. 公司治理是指公司如何平衡各方利益，保护投资者权益，提高透明度和问责可行性的措施

D. 公司治理就是通过一系列权利安排来治理公司

E. 应该是一个从西方传来的概念，但我不太了解

F. 完全没听过

20. 您认为以下治理因素（G）中哪些与生活关联度最高（   ）

A. 客户 ESG 发展战略、内部组织架构、职责分工

B. 关联方、关联交易、大股东占比、中小股东保护

C. 董事会成员平均任期、召开会议频率、出席率

D. 不公平竞争、腐败、贿赂、监管处罚

E. 财务造假、逃税漏税

F. 审计有效性

21. 为了更好地践行 ESG 理念，融资机构的公司治理应该在哪些方面加强（   ）

A. 加强企业内部控制

B. 履行对公众和顾客的诚信承诺

C. 做出合理的产品和售后服务承诺

D. 提高企业透明度和信息公开度

E. 加强风险合规体系建设

F. 其他（请具体说明）

22. 您了解到的或者比较熟悉的中国公司治理架构是否合理（　　　）

　　A. 非常合理

　　B. 比较合理

　　C. 一般

　　D. 不太合理（请具体说明）

　　E. 非常不合理（请具体说明）

　　F. 不了解

23. 您是否购买过上市公司股票，如果是，那么您是否履行过股东的监督职责（　　　）

　　A. 是（请具体说明）

　　B. 否

24. 您是否签署过关于关联交易和防范利益冲突的声明（　　　）

　　A. 是

　　B. 否

25. 您认为应如何更好地在全民中推广 ESG 理念（　　　）

　　A. 在政府、企业和媒体之间建立更紧密的合作，推广绿色知识和技能

　　B. 实行环保产业和企业税收优惠政策

　　C. 建立多样化的宣传渠道和绿色信息平台

　　D. 通过民间团体对民众进行必要的绿色引导和培训

　　E. 其他（请具体说明）

投资方对融资方的 ESG 评分指标体系

一级指标	二级指标	三级指标	[100, 80)	[80, 60)	[60, 40)	[40, 20)	[20, 0)
环境（人与自然）	污染治理	清洁技术设备 污染物排放 生物多样性	企业在污染治理方面取得显著成效，全面符合：（1）通过新的环保技术和工艺设计来提高产品耐用性；（2）减少废气、废物、污水排放的能力，降碳目标路线图；（3）经营活动是否损害生物多样性，生产或销售的产品中是否使用了濒危物种的身体部位	企业在污染治理方面取得较好成效，基本符合：（1）通过新的环保技术和工艺设计来提高产品耐用性；（2）减少废气、废物、污水排放的能力，降碳目标路线图；（3）经营活动是否损害生物多样性，生产或销售的产品中是否使用了濒危物种的身体部位	企业在污染治理方面取得一般成效，在部分方面符合：（1）通过新的环保技术和工艺设计来提高产品耐用性；（2）减少废气、废物、污水排放的能力，降碳目标路线图；（3）经营活动是否损害生物多样性，生产或销售的产品中是否使用了濒危物种的身体部位	企业在污染治理方面取得较低成效，在较少方面符合：（1）通过新的环保技术和工艺设计来提高产品耐用性；（2）减少废气、废物、污水排放的能力，降碳目标路线图；（3）经营活动是否损害生物多样性，生产或销售的产品中是否使用了濒危物种的身体部位	企业在污染治理方面取得极低成效，不符合：（1）通过新的环保技术和工艺设计来提高产品耐用性；（2）减少废气、废物、污水排放的能力，降碳目标路线图；（3）经营活动是否损害生物多样性，生产或销售的产品中是否使用了濒危物种的身体部位
	生态保护	自然资源利用 环境违法违规 碳足迹	企业在生态保护方面积极作为，全面符合：（1）减少材料、能源或水的使用；（2）无重大环境污染事件；（3）全生命周期碳排放	企业在生态保护方面较好作为，基本符合：（1）减少材料、能源或水的使用；（2）无重大环境污染事件；（3）全生命周期碳排放	企业在生态保护方面投入一般作为，在部分方面符合：（1）减少材料、能源或水的使用；（2）无重大环境污染事件；（3）全生命周期碳排放	企业在生态保护方面投入较低，在较少方面符合：（1）减少材料、能源或水的使用；（2）无重大环境污染事件；（3）全生命周期碳排放	企业在生态保护方面投入极低，不符合：（1）减少材料、能源或水的使用；（2）无重大环境污染事件；（3）全生命周期碳排放

一级指标	二级指标	三级指标	[100, 80)	[80, 60)	[60, 40)	[40, 20)	[20, 0)
环境（人与自然）	制度体系	环境认证 员工环保意识 节能政策	企业建立了非常完善合理的环保制度体系，全面符合：（1）通过环境体系认证，具有环境认证管理体系证书；（2）降低企业内部的总能源消耗量，进行节能减排宣传、环保培训、主题讲座和现场参观学习等；（3）出台节能节水和绿色采购相关制度，优先选择环保型供应商	企业对环境保护较为重视，基本符合：（1）通过环境体系认证，具有环境认证管理体系证书；（2）降低企业内部的总能源消耗量，进行节能减排宣传、环保培训、主题讲座和现场参观学习等；（3）出台节能节水和绿色采购相关制度，优先选择环保型供应商	企业对环境保护一般重视，在部分方面符合：（1）通过环境体系认证，具有环境认证管理体系证书；（2）降低企业内部的总能源消耗量，进行节能减排宣传、环保培训、主题讲座和现场参观学习等；（3）出台节能节水和绿色采购相关制度，优先选择环保型供应商	企业对环境保护重视程度较低，在较少方面符合：（1）通过环境体系认证，具有环境认证管理体系证书；（2）降低企业内部的总能源消耗量，进行节能减排宣传、环保培训、主题讲座和现场参观学习等；（3）出台节能节水和绿色采购相关制度，优先选择环保型供应商	企业对环境保护重视程度极低，不符合：（1）通过环境体系认证，具有环境认证管理体系证书；（2）降低企业内部的总能源消耗量，进行节能减排宣传、环保培训、主题讲座和现场参观学习等；（3）出台节能节水和绿色采购相关制度，优先选择环保型供应商
社会（人与社会）	人力资本	健康安全 员工管理与福利 人才培养与发展	企业高度重视人力资本发展，全面符合：（1）打造安全合规工作场所，支持员工获取充分的医疗健康资源，营造"心灵舒适区"；（2）保障员工的工作时间合理、工资福利充分、劳动条件安全，不涉及劳动纠纷；（3）职业培训与教育机制健全	企业比较重视人力资本发展，基本符合：（1）打造安全合规工作场所，支持员工获取充分的医疗健康资源，营造"心灵舒适区"；（2）保障员工的工作时间合理、工资福利充分、劳动条件安全，不涉及劳动纠纷；（3）职业培训与教育机制健全	企业一般重视人力资本发展，在部分方面符合：（1）打造安全合规工作场所，支持员工获取充分的医疗健康资源，营造"心灵舒适区"；（2）保障员工的工作时间合理、工资福利充分、劳动条件安全，不涉及劳动纠纷；（3）职业培训与教育机制健全	企业对人力资本发展重视程度较低，在较少方面符合：（1）打造安全合规工作场所，支持员工获取充分的医疗健康资源，营造"心灵舒适区"；（2）保障员工的工作时间合理、工资福利充分、劳动条件安全，不涉及劳动纠纷；（3）职业培训与教育机制健全	企业对人力资本发展重视程度极低，不符合：（1）打造安全合规工作场所，支持员工获取充分的医疗健康资源，营造"心灵舒适区"；（2）保障员工的工作时间合理、工资福利充分、劳动条件安全，不涉及劳动纠纷；（3）职业培训与教育机制健全

续表

一级指标	二级指标	三级指标	[100, 80)	[80, 60)	[60, 40)	[40, 20)	[20, 0]
社会（人与社会）	社区关系建设	慈善捐赠与扶贫 社区沟通与声誉维护 供应链责任	企业积极促进地区社会经济发展，全面符合：（1）开展慈善捐赠、捐资助学和志愿服务等活动；（2）避免生产经营事故和重大声誉风险；（3）对供应商进行一整套的培训和模式导入，供应链透明度较高	企业较好地促进地区社会经济发展，基本符合：（1）开展慈善捐赠、捐资助学和志愿服务等活动；（2）避免生产经营事故和重大声誉风险；（3）对供应商进行一整套的培训和模式导入，供应链透明度较高	企业在促进地区社会经济发展方面处于同行业一般水平，在部分方面符合：（1）开展慈善捐赠、捐资助学和志愿服务等活动；（2）避免生产经营事故和重大声誉风险；（3）对供应商进行一整套的培训和模式导入，供应链透明度较高	企业在促进地区社会经济发展方面处于同行业较低水平，在较少方面符合：（1）开展慈善捐赠、捐资助学和志愿服务等活动；（2）避免生产经营事故和重大声誉风险；（3）对供应商进行一整套的培训和模式导入，供应链透明度较高	企业在促进地区社会经济发展方面处于同行业极低水平，不符合：（1）开展慈善捐赠、捐资助学和志愿服务等活动；（2）避免生产经营事故和重大声誉风险；（3）对供应商进行一整套的培训和模式导入，供应链透明度较高
	产品责任	产品服务质量与客户健康 公平贸易 商业创新精神	企业在产品责任履行方面情况极好，全面符合：（1）准确的产品信息标签，健康与安全影响的评估；（2）符合公平贸易认证标准、知识产权保护政策与制度；（3）健全的产品、技术及商业模式创新机制	企业在产品责任履行方面情况较好，基本符合：（1）准确的产品信息标签，健康与安全影响的评估；（2）符合公平贸易认证标准、知识产权保护政策与制度；（3）健全的产品、技术及商业模式创新机制	企业在产品责任履行方面情况一般，在部分方面符合：（1）准确的产品信息标签，健康与安全影响的评估；（2）符合公平贸易认证标准、知识产权保护政策与制度；（3）健全的产品、技术及商业模式创新机制	企业在产品责任履行方面处于同行业较低水平，在较少方面符合：（1）准确的产品信息标签，健康与安全影响的评估；（2）符合公平贸易认证标准、知识产权保护政策与制度；（3）健全的产品、技术及商业模式创新机制	企业在产品责任履行方面处于同行业极低水平，不符合：（1）准确的产品信息标签，健康与安全影响的评估；（2）符合公平贸易认证标准、知识产权保护政策与制度；（3）健全的产品、技术及商业模式创新机制

一级指标	二级指标	三级指标	[100，80）	[80，60）	[60，40）	[40，20）	[20，0]
治理（人与身心）	"三会一层"结构	股东大会结构、董事会结构、监事会结构 信息披露 高级管理层薪酬和激励	企业"三会一层"结构完善，全面符合：（1）股权具有相互制衡作用，董事会具有独立性、多元性、专业性，充分发挥制定宗旨、价值观和战略的作用，监事会结构合理，有效发挥监督职能；（2）披露公司股权结构、所有权性质与法律形式，及公司控制权结构描述；（3）高级管理层的考核及激励机制与ESG绩效的相关度高	企业"三会一层"结构比较完善，基本符合：（1）股权具有相互制衡作用，董事会具有独立性、多元性、专业性，充分发挥制定宗旨、价值观和战略的作用，监事会结构合理，有效发挥监督职能；（2）披露公司股权结构、所有权性质与法律形式，及公司控制权结构描述；（3）高级管理层的考核及激励机制与ESG绩效的相关度高	企业"三会一层"结构完善方面处于同行业一般水平，在部分方面符合：（1）股权具有相互制衡作用，董事会具有独立性、多元性、专业性，充分发挥制定宗旨、价值观和战略的作用，监事会结构合理，有效发挥监督职能；（2）披露公司股权结构、所有权性质与法律形式，及公司控制权结构描述；（3）高级管理层的考核及激励机制与ESG绩效的相关度高	企业"三会一层"结构完善方面处于同行业较低水平，在较少方面符合：（1）股权具有相互制衡作用，董事会具有独立性、多元性、专业性，充分发挥制定宗旨、价值观和战略的作用，监事会结构合理，有效发挥监督职能；（2）披露公司股权结构、所有权性质与法律形式，及公司控制权结构描述；（3）高级管理层的考核及激励机制与ESG绩效的相关度高	企业"三会一层"结构完善方面处于同行业极低水平，不符合：（1）股权具有相互制衡作用，董事会具有独立性、多元性、专业性，充分发挥制定宗旨、价值观和战略的作用，监事会结构合理，有效发挥监督职能；（2）披露公司股权结构、所有权性质与法律形式，及公司控制权结构描述；（3）高级管理层的考核及激励机制与ESG绩效的相关度高

续表

一级指标	二级指标	三级指标	[100, 80)	[80, 60)	[60, 40)	[40, 20)	[20, 0)
治理（人与身心）	风险合规	法律诉讼 风险合规体系建设 员工合规意识	企业风险合规机制完善，全面符合：（1）不涉及市场营销及社会领域的违法违规事件，以及不当竞争相关的法律诉讼；（2）具有完善的识别、评估和减轻风险的过程和机制，最大限度地降低运营风险；（3）树立员工合规意识，提升合规管理能力	企业风险合规机制比较完善，基本符合：（1）不涉及市场营销及社会领域的违法违规事件，以及不当竞争相关的法律诉讼；（2）具有完善的识别、评估和减轻风险的过程和机制，最大限度地降低运营风险；（3）树立员工合规意识，提升合规管理能力	企业风险合规机制处于行业一般水平，在部分方面符合：（1）不涉及市场营销及社会领域的违法违规事件，以及不当竞争相关的法律诉讼；（2）具有完善的识别、评估和减轻风险的过程和机制，最大限度地降低运营风险；（3）树立员工合规意识，提升合规管理能力	企业风险合规机制处于行业较低水平，在较少方面符合：（1）不涉及市场营销及社会领域的违法违规事件，以及不当竞争相关的法律诉讼；（2）具有完善的识别、评估和减轻风险的过程和机制，最大限度地降低运营风险；（3）树立员工合规意识，提升合规管理能力	企业风险合规机制处于行业极低水平，不符合：（1）不涉及市场营销及社会领域的违法违规事件，以及不当竞争相关的法律诉讼；（2）具有完善的识别、评估和减轻风险的过程和机制，最大限度地降低运营风险；（3）树立员工合规意识，提升合规管理能力
	商业道德	价值观、原则、标准和行为 规范纳税透明度 反腐败和贿赂	企业商业道德成效突出，全面符合：（1）企业关于公司治理章程、商业道德规范准则的章程的说明，行为准则、道德政策和机制；（2）税务策略与享受的税收优惠政策；（3）经确认的腐败事件和采取的行动，反腐败政策和程序的传达培训	企业商业道德成效比较突出，基本符合：（1）企业关于公司治理章程、商业道德规范准则的章程的说明，行为准则、道德政策和机制；（2）税务策略与享受的税收优惠政策；（3）经确认的腐败事件和采取的行动，反腐败政策和程序的传达培训	企业商业道德成效一般，在部分方面符合：（1）企业关于公司治理章程、商业道德规范准则的章程的说明，行为准则、道德政策和机制；（2）税务策略与享受的税收优惠政策；（3）经确认的腐败事件和采取的行动，反腐败政策和程序的传达培训	企业商业道德成效较低，在较少方面符合：（1）企业关于公司治理章程、商业道德规范准则的章程的说明，行为准则、道德政策和机制；（2）税务策略与享受的税收优惠政策；（3）经确认的腐败事件和采取的行动，反腐败政策和程序的传达培训	企业商业道德成效较低，不符合：（1）企业关于公司治理章程、商业道德规范准则的章程的说明，行为准则、道德政策和机制；（2）税务策略与享受的税收优惠政策；（3）经确认的腐败事件和采取的行动，反腐败政策和程序的传达培训

"收益－风险－ESG"多目标最优解模型

"收益－风险－ESG"多目标最优解模型是建立在"投资方对融资方的ESG评分"基础之上的，为此我们分为两步走。

第一步：计算ESG评分

"投资方对融资方的ESG评分"是反映融资方在环境、社会、治理三个方面的风险敞口。我们可以根据国际国内主流评价体系权重，并结合指标信息披露水平等因素对三级指标进行评分，同时对争议事项的分数进行扣减。将得到的三级指标分数和权重做内积，由此得到每一个二级指标的总分，然后将二级指标得分和权重做内积，得到每一个一级指标的总分，然后根据重要性矩阵确定企业在每个一级指标上的得分权重，最后将各个一级指标的得分加权平均，计算出ESG总分。

$$加权评分 = \sum_{i=1}^{n} W_i \cdot \left(\sum_{j=1}^{m_i} w_{ij} \cdot \left(\sum_{k=1}^{l_{ij}} s_{ijk} \cdot c_{ijk} \right) \right)$$

其中：n表示一级指标的总数；W_i表示第i个一级指标的权重；m_i表示第i个一级指标下二级指标的总数；w_{ij}表示第i个一级指标下第j个二级指标的权重；l_{ij}表示第i个一级指标下第j个二级指标下三级指标的总数；s_{ijk}表示第i个一级指标、第j个二级指标下第k个三级指标的得分；c_{ijk}表示第i个一级指标、第j个二级指标下第k个三级指标的权重。所有权重数值均在同一层级内求和归一化，即满足：$\forall i、j \sum_{k=1}^{l_{ij}} c_{ijk}=1$、$\forall i \sum_{j=1}^{m_i} w_{ij}=1$以及$\sum_{i=1}^{n} W_i=1$。

第二步：尝试提出 ESG 多目标最优解模型

我们希望资产组合能够体现出收益和 ESG 评分最大、风险最小，也就是找寻"收益 – 风险 –ESG"多目标的最优解。在创建一个优化以获取资产组合的收益和 ESG（环境、社会和治理）评分最大化，同时风险最小化的公式时，我们需要定义几个关键的参数和变量来度量收益率、ESG 评分以及风险，假设如下。

N 是资产的个数；

$r=[r\_1，r\_2，\cdots，r\_N]^T$ 是一个向量，包含每一项资产的预期收益率；

$ESG=[ESG\_1，ESG\_2，\cdots，ESG\_N]^T$ 是一个向量，包含每一项资产的 ESG 评分；

V 是一个 N×N 的协方差矩阵，表示资产之间的风险关联；

$x=[x\_1，x\_2，\cdots，x\_N]^T$ 是一个向量，表示在每种资产中投资的资金比例；

k 是一个正数，表示目标函数中 ESG 评分的权重；

a 是一个正数，表示风险在目标函数中的负向权重；

Rf 是无风险利率，可用于调整超额收益水平的计算；

最大化目标函数为：$\text{maximize } x^T(r-Rf)+k\cdot x^T ESG - a\cdot x^T Vx$。

这里，$x^T r$ 代表了组合的预期超额收益率，$x^T ESG$ 表示加权后的 ESG 评分，$x^T Vx$ 则代表组合的预期方差，也就是组合风险的量度。

约束条件包括：

1. 所有资产比例的和必须为 1（资金完全投入）：$\sum W_i=1$。

2. 资产比例非负（不允许卖空）、最大权重占比低于 1：$0 < W_i < 1$。

数据和参数设置完毕后，上述优化问题可以通过数值优化算法如

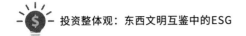

线性规划、二次规划或是更高级的全局优化算法进行求解。

负责任投资原则

负责任投资原则（Principles for Responsible Investment，PRI）是一项由联合国环境规划署金融倡议组织（UNEP FI）和联合国全球契约组织（UN Global Compact）共同推出的投资倡议。2006 年，PRI 在纽约证券交易所发布，组建起一个由全球各地资产拥有者、资产管理者以及服务提供者构成的国际投资者网络，致力于发展可持续的全球金融体系，鼓励投资者采纳六项"负责任投资原则"，首次提出 ESG 理念及评价体系，帮助投资者理解并将对环境、社会和治理的考量融合到其投资决策实践当中。

1. 将 ESG 问题纳入投资分析和决策过程（We will incorporate ESG issues into investment analysis and decision-making processes）

在投资政策中阐明 ESG 问题；

推动 ESG 相关工具、指标与分析的发展；

评估内外部投资管理人纳入 ESG 问题的能力；

要求投资服务提供商（如财务分析师、咨询顾问、研究公司或评级公司）将 ESG 因素纳入持续的研究和分析当中；

鼓励开展与 ESG 有关的学术研究、投资人员 ESG 培训。

2. 成为积极所有者，将 ESG 问题纳入所有权政策和实践（We will be active owners and incorporate ESG issues into our ownership policies and practices）

制定并披露符合负责任投资原则的积极所有权政策；

行使表决权或监督对表决政策的遵守情况（若外包）；

发展参与所有权实践的能力（包括直接参与和外包参与）；

参与制定如促进、保护股东权利的相关政策、规则与标准；

制定、提交符合长期 ESG 考量的股东会决议；

就 ESG 问题与公司进行接洽；

参与合作倡议；

推动投资管理人开展并报告 ESG 相关活动。

3. 寻求被投资实体对 ESG 问题进行合理披露（We will seek appropriate disclosure on ESG issues by the entities in which we invest）

要求被投资实体利用全球报告倡议等工具对 ESG 问题进行标准报告；

要求被投资实体将 ESG 问题纳入年度财务报告；

要求被投资实体提供其采纳 / 遵守 ESG 相关规范、标准、行为准则的信息，如国际倡议；

支持推动 ESG 披露的股东倡议和决议。

4. 推动投资行业广泛采纳并贯彻落实负责任投资原则（We will promote acceptance and implementation of the Principles within the investment industry）

将负责任投资原则相关要求纳入征求建议书；

相应调整投资监督流程、绩效指标和激励机制（如推动投资管理流程着眼于长期发展）；

向投资服务提供商（例如财务分析师、顾问、经纪商、研究公司或评级公司等）表达 ESG 期望，以及重新评估与未达到 ESG 要求的

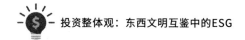

服务提供商之间的合作关系；

支持制定 ESG 整合情况衡量工具、制定负责任投资原则执行监管与促进政策。

5. 齐心协力提高负责任投资原则的实施效果（We will work together to enhance our effectiveness in implementing the Principles）

支持、参与工具共享、资源集中的信息平台；

共同协力应对 ESG 相关新兴问题；

发起或支持适当的合作倡议。

6. 报告负责任投资原则的实施情况和进展（We will each report on our activities and progress towards implementing the Principles）

披露将 ESG 问题纳入投资实践的方法；

披露如参与表决、决策等的积极所有权活动；

与受益人就 ESG 问题和本原则进行沟通；

披露投资服务提供商就负责任投资原则所需采取的行动；

采取"遵守或解释"的方法以报告负责任投资原则相关进展和 / 或成就；

力求确认负责任投资原则实施的影响，利用相关报告提高广大利益相关群体的负责任投资意识。

资本中的天道人心

（代跋）

沙林

整个世界是一个有机的整体，不管你是学科学的还是信宗教的，归根结底都会融合在一起，真理不是单独一门的真理。就像托克维尔说的，"联合的科学是所有的科学之母。"

王权，年轻的经济学者，最近写就一部书，第一时间读到后，给我最直接的感觉是：温暖的青绿色，淡在天边，而隐约的地平线上又涌起黑红灰色的翻滚云山……

这是一本不好界定的书。是一本谈绿色的书？是一本谈发展的书？是一本谈投资的书？是一本谈环保的书？是一本谈人心道德以及静觉修行的书……似是而非，其实难言。

这不是一本纯理论书，而是感性的、文学的，但的的确确又是经济学的构架、金融学的内容。

作者脑力发散，把新石器以来举凡世界所有族裔门类的文明融为一体去谈一个投资理想。理性分析，文化旁衬，历史演证，为人类计，用人类谈，想人类生。

不好界定，只能暂用一个取向标记它——善良经济学。因为资本和投资从来都是"恶"的（商贾逐利秦汉以来认为是不道，中世纪教会则视其为半堕落），但左转又容易带来贫穷和灾难，中左中右，中间道路从来虚幻，又陷于庸常。而王权提告我们的ESG的协调关系，它是超越的，超越了政经上的左中右，超越了我们的想象范围，在逐利的限定中寻找对人类最好的那一维，以永常的温慈对人有益。

一、投资的魔变

经济活动一向或者肯定是整个社会推进的最中心的力量，这是从古希腊贤哲一直到马克思等经典作家都认定的。再细分一下，经济活动的中心肯定是金融。巨量游资（资本）19世纪末到20世纪以来才显示出巨大的能量，也是这时人们才忽地发现《资本论》的巨大意义。

人类的资本活动由来已久，但谁也没有像王权那样告诉我们，它有善恶之分。这里的恶不仅是经典作家所说的剥削的恶，还包含了人类本身的欲望所导致的投资方式，以及对自然造成的结果。

让我们看看一般人类投资都是沿着怎样的路。

15世纪以来，西班牙人发现美洲并攫获了占全球一半的巨量白银，但被嘉庆、万历数朝用欧洲一直艳羡的瓷器丝绸茶叶置换过来，加上荷兰、葡萄牙、英格兰等也"奉上"黄白之物，全球70%的白银被明朝吸收，结果招致各国嫉恨，白银封锁随之而来，更主要的是明朝的白银没有善用，多被豪门世族购田置产或打造成金银饰品……其白银储备如过山车般从高处跌落，使得国库枯竭，崇祯皇帝不得不勒索皇亲国戚以抵军费，但这也阻止不了明朝的崩溃。有历史经济学家说，白银的失当控制是明朝灭亡的主要原因，最起码与"小冰河"的降临同等重要。

投资如此重要，如果像王权说的，跟中国文化推崇的善结合一下，如孟子所言"亲亲而仁民，仁民而爱物"，晚明还会被李自成冲破大内吗？

近现代之交的马克思重点阐述了资本的罪恶，由此衍生了持续近两个世纪的民族民主解放和社会民主（党）势力的形成，基本决定了现在整个世界政治意识的格局。

而进入 20 世纪，人类才真正感受到金融魔影的巨大震撼。两次人类历史上最大规模的战争，表面上各有表象和导火索，其实经济 / 金融的暗波涌动才是真正的动因，如果不是嫉恨英国的经济 / 金融绞杀，奥匈帝国和德国何必对欧洲最不起眼的小国塞尔维亚大打出手……最后那次大战后近 50 年的冷战，一直到阿富汗战争，抚去表面的烟火，本质上还是两大阵营投资方式的较量。

在我们存世生活的这四五十年，人们更加感觉到金融的流灌（投资）决定了我们社会的根本，以及人的细枝末节。

21 世纪的头四分之一，几乎所有灾难都跟不当意识控制金融流向有关，不说股灾、P2P、高杠杆、高债务、M2（广义货币供应量）漫灌、货币超发……仅说更大的全球事件：华尔街和房地产的贪婪导致了美国次贷危机——世界经济的发动机自 20 世纪 30 年代大萧条以来最大的一次危机；对石油黑金的觊觎与维护国际秩序（也包含石油美金秩序）的对撞导致了伊拉克战争……所有这些，一个个巨大的金元旋涡，搅动了世界。

美国佛罗里达州参议员卢比奥曾抱怨说，"今天美国的经济高度集中于两个领域，打开电视看看吧，所有财经媒体整天只讨论这两个领域。一个是金融、华尔街、期货、买空卖空、虚假的金钱游戏，不制造任何产品。一个是大型科技公司，苹果、谷歌、微软、亚马逊、特斯拉，这些巨型跨国企业，同样不制造任何实物产品，就算制造也大多在中国制造。这些企业创造了最大的财富，却提供着美国工人最少的工作，更可怕的是，这些巨型跨国企业，拥有着比美国政府更多更大的权力。在很多情况下，美国政府都要听命于他们，而这些跨国企业对我们国家、对我们人民，毫无忠诚可言。跨国企业的利益，不是美国国家利益，他们只在乎企业股东的利益，只要能为企业股东牟利，他们会毫不犹豫地牺牲美国国家利益。"

当投资搅乱世界政治经济格局时，一个更大的魔影——所有人几乎都曾关注但又不关注，或已无从关注——已经降临。它带来的灾变远大于前者，或将从根本上删除人类。那就是人类资金漫溢（投资）所带来的环境灾难。王权在书中也重点说到了这一点，ESG的妥善为之，大概是人类莽野的远方唯一的篝火。

二、美幻的覆灭之路

即使是《寂静的春天》已经出版了60多年的今天，即使是一向被认为环境保护滥觞之地的北美，环境也在日益恶化。如果你在美国旅行，驱车从最东南的佛罗里达一直到北美十三州最北的纽约，肉眼可见原来城市和森林交融互抱的青绿色的北美，现在秃斑越来越多，受美国房地产15年连涨的刺激，全世界的资金通过大川小溪流注到这里，贪婪的开发商明中暗里僭越各种条规法文，疯狂的电锯大面积推平在其他国家多已看不到的原始森林……旅行中你也多半能目睹悲惨的一幕，圆桌一样粗阔的原木，千年的生命年轮轰然倒塌，无数的松鼠鸟类悚然四散……不久以后，这片森林的遗址将浮现出一片片为世界各国购房者趋之若鹜的独立屋、汤 HOUSE。

各国的投资客，包括私人和机构，联手摧毁了印第安人以前就珍存于世的森林、供给整个北半球的绿色氧库。

整个社会形态推动了无理性投资，烘造了消费的攀比浪费，变现出越来越多的废品弃物，大多不加处理，污染水源，流入大海。当海水每一毫克计都变得越来越不好时，没有察觉的人们仍沉浸在消费的饥渴和投资的狂热中，谁也不会考虑三四十年后地球真正的临界灾变。

作者王权对工业革命以来的增长方式做了深刻的反思。

从旧石器时代算起，人类已有 250 万年的历史，而经济的增长只有 250 年的历史。工业革命之前，人们不会谈论与增长相关的话题，更不会因为经济停滞而焦虑，因为不增长是常态，增长是非常态。

不增长也许更好。人们收敛身心，与四周和解，也能每天看到阳光，感受植物的温馨气息扑来，古希腊的豌豆和秦汉的黄粟也能哺育出健康质朴的文明创造者。

但是英国人发明了工业革命，从此世界走上了一条完全不同的物质生产变异翻番和公然提倡物质享受的道路，就像魔瓶已经打开，黑色烟影已弥散空宇，万难收回。

崇尚人类发展的端倪在古希腊时就出现了。古希腊一切都好，从苏格拉底到柏拉图的先哲们教导我们理性逻辑平和协调，但是只关心人和社会的古典美，从来没有引入天和地这个概念，也就是人和自然的神秘交流系统。

以后的罗马共和制、宗教改革、大宪章，一直到工业革命，所有大事纪元，滚滚红尘，无不在推动着进步，西方的机器科学体系在改造征服自然方面越来越表达了人类的伟力，但自然和社会的反噬也一直是人类挥之不去的暗魔，似乎永远陷入了征服反扑的旋涡之中，而无有终极解决之道。

在强势的西方文化裹挟下，整个世界都汇入了一种意识洪流中，即发展，攫噬自然和地球被认为是当然的理性。社会达尔文主义在国家社会领域早已臭不可闻，但在金融经济领域有着最强大的显现，哪有利投哪，谁有钱追谁。

物质的穷极会导致整个世界处于一种潜抑郁状态，真正的幸福在花雾弥漫中不可捉摸。

三、信仰和经济学家的局限

其实西方的先哲并不是没有注意到这些问题，只是没有成系统地论述，或者作为一种根本性原则提出来。关于投资道德，哲学家罗素在《中国问题》一书中说过："自工业革命以来，西方人崇尚的'进步'，大多不过是满足欲望的一种伦理上的幌子罢了。如果有人问我，机器是否真正地改善了这个世界？这个问题会使我们的回答语无伦次：机器确实给世界带来了很大的变化，因此，它使世界取得了巨大的进步。我们确信，十有八九所谓崇尚'进步'的西方人，所谓爱好'进步'实际上是嗜好权力，喜欢根据自己的主观意愿，使事物发生变化和差异。"

几乎所有的经济学家都没有注意到罗素这个观点的真正含义，即由道德生发出的节制才是真正的好的经济活动。

许多经济学家也把道德的因子引入论说中，但只局限于过程手段，而没有设为目的——目的即手段。过去、现在、未来融为一体，荡平一切又呈现一切。无所谓目的了，又感受一切过程。

在古希腊和基督教基础上发展起来的古典经济学，关注了经济资金的来源、经商手段的公平和富裕以后的资金用途，却没有关注人与自然、人与心、心与经济规范、经济与宇宙（天道）即人类未来命运的关系。

西式经济学当然没有天道这个概念，有学者认为新教伦理即勤勉、奉献、公正，奉献者的好品格创造了这个世界的主体经济框架，即英语世界所代表的为其他国家族类所模仿跟从的一切关于经贸金融流通的行为模式。

同样，关于生产的自律、手段的清白、享用的节制也没有成系统地论及，没有把基督教对穷人的怜悯、对富人的约束的概念引入大的"人心道德 – 经济流通"体系。

亚当·斯密的《国富论》和《道德情操论》互为表里，前者是西方世界经济体系的奠基性作品，被誉为"财富圣经"。虽然他提到了商业文明的伟大与合作的必要，在强调经济秩序的同时，也没有忽视道德的作用，认为辛勤工作也是美好道德的体现，是利他的根本，也是一个社会美好目的的终极点，但并没有对"云端之上"的道德进行讨论，没有对经济的道德、投资的道德、人类本体之外的自然道德做进一步的论述。

马克思·韦伯一直被认为是现代西方社会具有基石意义的经典作家，他用"三标准模型"来定义现代社会。将社会架构分为经济、政治、价值三大维度，按此框架，现代社会可被描述为三句话：经济上以分工合作为基础的陌生人交易社会；价值上以"自由、平等、公正、诚信"等理念为前提的契约社会；政治上以有限政府、法治为架构的民主社会。不过，哪个才是现代社会的灵魂？迄今认为最接近标准答案的不是制度，而是普适的理念和价值，而经济似乎只是实现这些目的之工具——苏联式的管控经济、凯恩斯式的调控经济，或者近些年听得最多的哈耶克的市场经济，好像只是工具箱里可根据需要任意选用的"锤子"或"扳手"。

市场经济，现代社会的灵魂？的确，当代最经典的经济学家的头脑中也没有协调自然和扬抑善恶的投资观念。

法国地理环境学教授吉波在谈到欧洲环保觉醒时说："在80年代以前，法国学者几乎没有运用生态视角来研究历史问题：对工业革命的考察，着重的是这一重大变革的'重大社会和文化意义'，而从未考虑过，或只是肤浅地考虑过，工业革命对生态环境系统及人类健康造成的各种重大后果；在解释城市超高死亡率时，更重视居住条件而不是空气污染；在探讨工人运动的成就时，关注的也只是劳动时间和社会保障方面的改善而不是各种'环境不公正'问题，其实工人正是环境污染的最大受害者。"

近500年来，我们所有的历史挣扎和奋斗中都没有关注这个问题，所有的作家理念或者是只言片语或者是根本不提，关于人与自然、投资与自然、我们人与经济往哪个方向走的这个根本性的大问题。

　　王权这部书的价值，就在于它第一次系统地充分阐述了这个问题。

　　他在书中最大的呼唤就是对自然怜悯一点，人类也要自我约束一点，克制（欲望）是最大的美德。

　　思考的人才忧虑，最好的安慰是忽然发现有一条路，曲曲折折穿过荆棘密闭的地方，通向远处的希望。

四、东方具有拯救意义

　　《投资整体观：东西文明互鉴中的 ESG》一书的开放格局，给我们带来了无尽的思索空间，让我们能从容地思寻过去的路，以及未来能使人类更安全的路。

　　我们这个世界躬行的大部分准则，不管现在是否尽数实践，其实都来自 2500 年以来雅典、罗马、伦敦、巴黎、费城的思想和契约，从中衍生了自由社会的能量、个人主义的基石，主旨就是让人们生活得更好。

　　如果美好的理想社会没有实现，却要先经过一片血海呢？这不是人类正在经历的吗？

　　没有发端于东方的思想干预和文化浸润，真的能好吗？能够像东方那样更虚心更柔性地看世界不更好吗？

　　在王权的书中，东方意识就具有拯救的意义。

　　我们古代，从来不主张尽享奢豪生活而思虑更远。西安、北京、旧德里以及喜马拉雅山麓，或许贫穷乱陋（古东方大都市被马可波罗、利玛窦和乾隆时代的英国使团都描述过，结论不等，好坏不一），但尘埃掩盖的思想熠熠生辉。被康德、黑格尔和爱因斯坦都轻蔑过的东方的萎靡腐败，恰恰隐藏着最无为的拯救。

王权在对治中引入天道的概念，这是对当代环保主义的一大贡献。天道论把人的命运引入人和天地万物的大循环中，万物有灵，融为一体，谁也别想单独苟活。人心在这个系统中的作用最大，心即是道，心与天同。

作者的对策在心物一体的大范畴中讨论，现代主义的困境须由心的醒悟去解决。

王权一向对中国文化中心的系统以及气的概念有很大兴趣，从孟子"四心"（恻隐之心、羞恶之心、恭敬之心、是非之心）与国之治乱的关系，气的概念第一次提出（浩然正气），到王阳明心即理（心包含了一切真理）这一儒家两千年的线索，他都一向推崇并体学之。道家的道法自然、返朴归真和释家的"色不异空，空不异色"是人心能感通物质的更好解释，当然也是他引经据典的重要来源。

正是有这种积淀，他才能在已被千说万论的财经专业范围内不循常规地做出另辟蹊径的全新论述。

他在书中讲道：企业与环境（Environmental）、社会（Social）、治理（Governance）的关系正是ESG的基本内涵，即投资不仅要追求环境层面的绿色效益，还要承担社会责任，履行公司制度安排。在这个意义上，ESG投资既立足绿色投资内涵又超越其内涵，追求的是一种各美其美、美美与共的"综合之绿"。在这里，绿色并不是特指某种具体颜色，而是一种象征意义，代表着自然、环保、成长和生机。ESG投资既秉承"天人合一"理念，也将对"天下大同"的追求贯通于社会责任的践行之中，通过"天理法情"的明晰权责安排，为实现

"天人合一"和"天下大同"提供制度保障。

在新投资论中引入人心和天道是一大发明。

这一说法补充了古希腊的苏格拉底以伦理和理性管理经济的主张，以及基督教强调爱、关怀与公正作用于经济活动的理论。把一向认为是纯利润的、纯经济的、纯市场的投资理论引进了另外一维，马上由二维的人论转化为天地良心、心宇内外的立体。不仅与人和谐，与社会和谐，还要与大自然和谐，与人的成长和谐，与信仰和敬尊万物和谐。

王权的解决方案是引借中华文化的精华——儒家的以人为本、释家的收敛欲望、道家的天地人之合、墨家的工巧以利天下，把其融为一炉、化为一心，结合现代金融学和投资理念，创造出21世纪全新的绿色投资理念。这种善良经济学，前面说了，是几千年来从未有过的，它既不像传统的修行人那样完全排斥摒弃人间烟火钱商利禄，避免一切惊动宇宙四象的生产求利行为，又不像几乎所有的金融投资主流毫不虑惜天地人心，全为利益所绑架，也不像一些先哲只是偶尔论述，间或闪光，在人论方面创意非凡，在绿色投资领域还难以顾及。

这是超越的第四条路，没有愧疚的投资之路。

王权的书是超越的。真正完美适合现代社会发展而保护地球的经济学应该是超越的，在某一方面超越了凯恩斯，当然也超越了新古典经济学的均衡，甚至还超越了奥地利学派，包括米赛斯那一派和哈耶克市场经济学说那一派。

王权的重要超越之一是引入了道德和熵均衡理论。

熵减是好的，熵增是不好的。熵增停滞是最好的时光，熵增大总是趋于混乱。当道德和熵均衡理论融入经济行为，对地球的伤害最

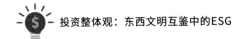

小，对社会的伤害也最小，人的幸福感也会最大，对人类的整体生存也最有益处。

熵减理论跟佛家的减少造业说正相关。

负熵或熵减，如何在好的经济活动中起作用？只有看王权的书去体会实习之。

经济学不是关于利润最大化的工具，而是人类如何通过分工合作，打破文化、制度的差异，实现幸福与和平的学问，这是亚当·斯密开创经济学的伦理基础。借用一下，扩而大之，也解释了王权的善良经济学。

同样是善，他主张的善化为丝丝缕缕，弥漫在里里外外我们看不见的所有的空间和内心深处。

（沙林：著名作家、中国作家协会会员、中国报告文学学会理事、中央企业文学委员会副主任）

后 记

碳中和文明路径构想
——兼与天下同道商榷

20多年前，正是江南梅雨疏飞的季节。我从故乡一条大河的南岸乘舟徐行，窥探桨声柔波里泛起的微澜。

两岸的圩埂上，长满了垂柳和花草，暖暖的阳光在树梢跳跃，一只只白鹭懒洋洋地晒着羽毛。船行半中央，才见到东方隐约而现的天目山余脉，在激滟的波光映衬下，宛如天上飞来的一螺青黛。

故乡有一个美丽的名字：郎溪。因为地势东高西低，这条自东向西流淌的大河名唤郎川河，它是家乡的母亲河，将楚尾吴头的小城分为两半。

我年少的心被这连绵起伏的山水紧紧包裹。后来，不管走到哪里，都珍藏着那段天蓝水绿的记忆，它守望着我生命江河里的每一寸足迹，只要想想它，就会立即融进大自然的怀抱。

故乡是每个人的生命源头，我在债张青春岁月的回望中为她打下了《江南渡》的腹稿。

烟雨的江南

一水分城半

我等你到桥畔

轻舟吴音慢

鱼米清波不知湿了谁衣衫

当年离歌孤帆到河川

五湖泛舟，炊烟做伴

寒来暑去渡口不见秋水望穿

刀光剑影，匆匆梦一湾

紫檀箱底再寻不见你发簪

明月何时还

总听风雪倚栏

红烛对晚风寒

流波逐远山

竹马青梅红叶题诗朱弦断

繁花终归落岸霜满鞍

五湖泛舟，炊烟做伴

寒来暑去渡口不见秋水望穿

刀光剑影，匆匆梦一湾

紫檀箱底再寻不见你发簪

也曾行走在故乡冬夜的街头，看着纷纷扬扬的大雪从天而降，心头有一种莫名的感念。

自然孕育颐养了人类，又在人类离去时，毫无保留地接纳。可以说，没有任何一种关系比人与自然的关系更为基础。保护自然生态的原真性和完整性是人类以自然为根的基本内涵，这不仅是对历史先辈的尊重与怀念，也是对后代子孙的庄严承诺。

没有自然生态就没有人类的共同家园，ESG 从根本上来说是要从投资角度解决生态环境污染问题，并由投资领域扩展影响到人与万物生存生活的方寸空间，以期开辟一条实现"天下大同"梦想的金融之路。本书虽然对 ESG 投资从理念到实践进行了剖析，但是关于 ESG 投资如何在碳中和实践中落地生根，并形成一个总体实践纲领方面仍然"千呼万唤未出来"。碳中和对应着 E，并贯通了 S，又根基于 G。这并不是说 ESG 等同于碳中和，相反，碳中和应该是 ESG 的一个子集，是 ESG 重要的目标之一。为此，笔者怀揣浅陋，大言不惭，在后记中对碳中和路径进行了大胆构想，并以之为媒，向为了低碳事业而躬耕不懈的政界、学界、业界以及民间团体的同道中人求教。

如果说碳达峰表达的是在某一个时点上二氧化碳的排放总量达到峰值，并在这一历史拐点由增转降，那么碳中和则是指碳排放主体通过植树造林、节能减排等方式，抵消自身在一定时间内产生的二氧化碳或温室气体的排放总量，达到相对"零排放"。

将镜头对准 2015 年的联合国气候变化大会。当时，全世界 178 个缔约方共同签署《巴黎协定》，对 2020 年后全球应对气候变化的行动做出统一安排，提出长期目标是将全球平均气温较前工业化时期上升幅度控制在 2 摄氏度以内，并努力将温度上升幅度限制在 1.5 摄氏度以内。碳中和被视为实现这一目标的重要手段。我国在2020年9月宣布，计划在2030年争取实现碳达峰，2060年实现碳中和。从这一承诺来看，21世纪中后期，全球范围内人为活动排放的温室气体总量与大自然的吸收总量将实现平衡。

宏伟的目标需要在现实的一步一个脚印中达成。作为工业革命以来最为全面深刻的能源变革与转型过程，碳中和旨在通过市场机制引导，利用低能耗、低污染、高效率的生产方式与消费模式来降低能源消耗强度和温室气体排放量，臻于经济社会发展与生态环境保护"双赢"的新经济增长形态。

实现能源变革与转型绝不是一种纸上谈兵的坐而论道，它必须紧密依赖零碳技术推动碳排放与经济增长脱钩，对资源配置、生产、流通、消费、分配以及宏观管理架构进行重塑，最终作用于社会价值观层面。这将会引领构建一种全新的零碳产业体系，并促进绿色投资的大规模增长。正缘于此，通过ESG投资建构碳中和路径便显得尤为切中肯綮。

总体上来看，文明的变迁一般遵循着"器物层—制度层—观念层"的规律由外而内、由表层至深层地发生变化。器物层具有实体性、客观性和决定性，是制度层和观念层的物质基础，它的变革会引发制度的重组。制度层是器物层的社会表现形式或结构，也是衔接器物层与观念层的桥梁，不仅仅通过特有的准则规则对器物层和观念层建设进行规范约束，还要推动器物层与观念层的融合协作。观念层是器物层和制度层的精神表现，是一种带有弹性伸缩功能的"思想黏合剂"。

从对环境变化的响应速度来看，器物层往往得风气之先，成为反应最敏锐、变动最活跃的部分。制度层的确立相对比较缓慢，它的变革实施又会引起观念的变革。基于以上论述，笔者尝试立足器物层、制度层、观念层由表及里的演化逻辑，对 ESG 投资在碳中和文明路径建构中的作用及实施过程进行总体构想。

器物层：引导金融资源流向碳中和基础设施

由于器物层反映的是人工自然的结果，是经过人类社会劳动加工改造过的那部分自然界，因此，碳中和在器物层面的体现主要包括企业生产经营中使用的先进机器设备、高科技环保产品和全新的清洁能源基础设施等有形可感的东西，它代表着碳中和的物质文明发展水平。

我们现在所需要的能量就在身边——照耀地球的阳光产生太阳能、天空中拂动的风产生风能，抑或是海水流动产生浪能、土壤里不断增长的生物质所产生的生物能，以及在地表下涌动产生的地热能。[①] 碳中和器物层的变革从根本上还是要解决可再生能源供给侧的问题。无论是通过生产技术变革尽可能摆脱对化石能源的依赖，还是提升风能、水能、太阳能、电热能等可再生能源的生产能力和生产规模，都是从能源供应角度推动生产装备与能源品种取得实质性突破。

因此，构建一个全新的能源供应系统，并将可再生能源收揽其内，是碳中和文明进程中器物层的发展方向。这种能源供应系统必须建立在电气化基础之上，致力于提升风光等新能源的使用比例，并将

---

① 乌德里奇. 掘金绿色投资[M]. 兴业全球基金管理有限公司，译. 上海：上海人民出版社，2011.

其作为给千家万户提供电能支撑的主体。

此外，我们应该考虑到这样一个现实问题：太阳下山的时候，太阳能电力生产将会停歇；没风的时候，风力发电也会止步。对于这类间隙性能源的生产极大地依赖于自然环境的配合，而这种间隙性又会推高能源生产成本。那么值得我们思考的问题是：能源生产成本的增高是否可以从运输成本的降低上得到补偿？

比尔·盖茨在谈到美国电力运输时说："在全国范围交叉架设数千英里的特种长途输电线路，用以输送高压电，但要对电网进行大规模的升级改造。"①改造电网，使得电力"就近输送"在一定程度上有助于降低电力成本，但是大规模可再生能源的储存离不开电储能系统建设。作为电力供应基础设施的重要架构，电储能系统应当实现机械储能、热储能、电气储能、电化学储能等技术的快速突破，充分连接电力的供给端与消费端，构建起灵活多元的新型能源体系，有效解决新能源的波动性和间歇性问题。

ESG投资通过引导金融资源流向水电、风电等清洁能源生产基础设施以及充电桩、换电站、加氢站等民用基础设施建设领域，将显著降低经济增长对传统化石能源的依赖程度，特别是在现代数字技术与传统电力技术的加持下，将资金投向电力系统发输配用的各领域、各环节，将会推动电力系统由高碳电力系统向深度低碳或零碳电力系统转变。

随着投资机构的大量资金配置到低碳技术研发领域，新型技术的推陈出新将会推进绿色工艺和高能效设备在产品制造过程中的应用，

①盖茨. 气候经济与人类未来——比尔·盖茨给世界的解决方案[M]. 北京：中信出版集团，2021.

降低生产过程的碳排放值。当智慧设计、文化体验、生态服务等无形投入在产品价值中的贡献比重不断提升时，一条装配线往往就能满足消费者多样化、个性化、绿色化的需求。

器物层变革还包括实实在在的"天然氧吧"培育。投资机构可以考虑如何在扩大森林、草原和湿地覆盖率方面做一些实事，特别是在合理调整优化树种、龄组及密度结构，增强森林固碳速率方面投入相应资金，通过植物的光合作用，减少温室气体在大气中的浓度，促进自然与生活场景的融合。

ESG 投资不仅能够加快清洁能源在器物装备层面的进化，而且在绿色项目的落地过程中，会以项目为基点与周边地区进行多方位的要素交流，进而带动周边地区的碳减排进程。尤其是在互联网大背景下，数字技术和信息平台将助力 ESG 带来的金融资源在区域间快速流动，从而使得金融资源配置所形成的区域外溢效应愈发显著，加速 ESG 投资碳减排效应的空间溢出。

制度层：形成契合 ESG 的明确法规体系和调配机制

制度层反映了一个国家政治、经济、社会、科技等方面的制度或体制形式，并以组织结构、行动程序、国体政体、政策法规、行为规范等表现出来，看似无形无象，却又真实存在。

碳排放在物理量上的达峰与中和，不仅依赖于器物层面的变革，还需要制度层面的坚实保障。因为，制度是联系器物与观念的中间环节和转换器，正是通过制度的联结，器物与观念才能成为统一的整体。

碳中和制度，顾名思义应当是国家、行业或企业自身在实现碳中和目标过程中形成的比较明确的规范体系。笔者以为这应当既包括判定碳中和行为合法性标准的"宏观管理制度"，也包括企业按照宏观管理制度所规定的价值取向进行安全生产和有序利用的"企业运行制度"，还包括为碳中和企业运营提供人才、物资和资金激励的"经营分配制度"。

总体来看，碳中和制度体系的主体支撑应当是一次能源和二次能源领域的单项法律法规总和。除此之外，还应当包括ESG投资实践中相应的配套机制。当资金在清洁低碳、智慧互联、生态农业等领域运转时，由于生产的一般经济产品和环保产品都具有外部成本和外部收益，市场不会自动使得这种外部成本和外部收益内部化，因此政府必须出台政策来协助市场完成这种内部化，以促进资源的优化配置。

所以，碳中和制度的出炉应当基于对ESG投资底层逻辑与现实痛点的整体把握。一些从事ESG投资的机构在为了促进社会福利增长而让渡出部分收益红利时，是否可以享受一定的政策补贴与减税优待？环保设备研究类企业是否可以在研发费用上拥有一定比例的税前加计扣除，或者"研究建立节能专项基金，主要用于补贴能源审计、低能源价格地区的节能技改、节能产品研发、节能政策研究等公益性较强、基础性较强、具有'正当外部性'的领域"？[1]是否可以考虑通过补贴政策和减税措施鼓励消费者使用绿色能源产品，"对符合一定节能标准的节能产品允许按照一定比例享受消费税减征的优惠"？[2]通过多管齐下，推动企业和个人减少甚至放弃使用高污染能源。

---

①白泉. 能源节约的经济学[M]. 北京：光明日报出版社，2009.
②曾晓安. 中国能源财政政策研究[M]. 北京：中国财政经济出版社，2006.

激励性制度的另一面是"处罚式监管"。面对不履行 ESG 责任的企业，是否可以通过指导意见、口头敦促等方式做出提醒或者通过财政政策在投资和消费环节增加碳税？对于污水处理没有达标的企业，是否可以要求支付罚款、关停整改或者在出口高碳排放量产品时缴纳更高的碳关税？是否可以提高供暖和运输部门的碳单价，并将所得收益再度补贴给居民？

除了政府出台的相关制度，ESG 投资方也应当建立适应碳中和目标的投资策略体系和标准体系。这些制度立基于促进融资方器物层变革，并与融资方生产运营的各环节深度耦合，实现对融资方碳排放、碳交易、碳捕获和封存信息的全面掌握。这种制度体系还应当包含一套成熟的研判机制，既能够为投资方的决策提供参考依凭，也能够引导融资方主动建立产品在线监测和回收体系，做好碳排放申报。

罗尔斯在《正义论》的开篇中指出："正义是社会制度的首要价值，正如真理是思想体系的首要价值一样……作为人类活动的首要价值，真理和正义是绝不妥协的。"[①] 当 ESG 领域的制度体系倒逼企业不得不淘汰高碳技术时，当严苛的碳排放总量限制将许多企业排挤出市场时，原本用于促进绿色转型和充分就业的 ESG 投资反而摇身一变，成了覆灭行业的"渊薮"。

诚然，真理和正义是不妥协的，但是真理和正义在付诸实践时也并非分庭抗礼、针尖麦芒，而是可以与实践对象同向发力、共生共长。因此，碳排放制度必须刚柔并济，兼具弹性与韧性，方能有序有效地推进制度体系与全球局势、经济环境和战略任务之间的融通。

[①] 罗尔斯. 正义论[M]. 何怀宏，何包钢，廖申白，译. 北京：中国社会科学出版社，1988.

在实现碳中和的全球分配正义与代际分配正义中，既要形成契合ESG投资的明确法规体系和调配机制，也应当呼吁西方发达国家向"脆弱型"国家伸出援助之手，并在制度层面承担超越相应碳排放比例的责任，来保护人类共同的善。同时，在全球碳中和共识下，各国之间应当通过资源共享与技术交流合作，逐步形成"地球村"能源管理协调机制，构建全球能源分类、分时、分区协同开发利用机制，以及与地球共荣共存的"绿色能源共同体"。

观念层：超越"吉登斯悖论"的观念重塑

如果说器物层变革和制度层设计为观念层进步奠定了基石，那么也可以说只有观念层的重塑才能够迸发更深层的力量来加快器物层跃迁和制度层翻新。如果没有社会中大多数人的观念进步为器物层和制度层的进阶提升"鸣锣开道"，那么器物层和制度层的发展终究"难登大雅之堂"。

在这个意义上，器物层与制度层的发展有助于观念层的开拓。观念层也只有通过制度层的中介转接，才能内化为社会民众的深层心理意识，并反作用于器物层和制度层的迭新，通过复杂的交互作用，促进碳中和系统工程的可持续运转。

观念层是一种理论、经验和社会心理的凝练，也是指导企业制定规章制度、进行生产经营活动的各种精神文化和价值观念的有机融合，反映了一个国家历史和当下的思想文化积淀。碳中和观念的应运而生表达了人类对物质主义和消费主义甚嚣尘上的工业时代的反思，自觉或不自觉地用生态文明观念抵御"利益至上"的价值观，展现出对世界未来的正义关怀。

在重塑碳中和观念的进程中，ESG 投资方要通过资金输出，将低碳理念附着在碳中和基础设施、绿色证券、绿色股权等不同产品上，传导到融资方以及其他利益相关者，突破工业时代以来对自然资源进行掠夺性利用，并将其当作温室气体和废料污水"集纳箱"的陈旧观念。

从观念与制度的关系来看，制度无非是观念的积淀、实现和客体化，制度的变化会进一步促进器物的更新，而器物无非是制度实体性的内容和基础。在这个意义上，观念的塑造需要紧密依赖于器物和制度的变迁。财政补贴和优惠利率手段在观念重塑中也发挥着至关重要的作用。虽然这些手段可以归属到制度规范层面，但是这种制度规范能够激励消费者选择并依赖环境友好产品，在使用中逐步实现旧消费观念的汰换和新消费观念的沉淀。

超越"吉登斯悖论"是建立碳中和观念必须穿越的"窄门"。对于 ESG 投资方来说，高效的资本运用与新观念建设之间存在着千丝万缕的联系。投资方在推进 ESG 实践中，不仅要通过资金流动对器物层的各种碳治理工程进行技术干预，而且要通过制度层政策规范的宣贯，表达"投资助力一个安全地球"的愿景。融资方应当在具体绿色项目的经营管理中，用实实在在的企业文化和绿色产品"润物细无声"地贯通到社会民众的生活观念和消费观念中。

观念的重塑还需要从中国传统文化土壤中汲取充足的养分。儒家的"天人合一"、道家的"道法自然"、佛家的"众生平等"等，都能够为人类实现碳中和目标提供丰富的思考路径。我们应当以海纳百川的胸怀对待这些观念，超出一己之私去考虑人类文明的延续性，审思

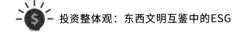

如何对自然资源进行代际分配，如何把环境要素纳入商品价格中，推动气候协议基础上的碳中和实践如火如荼地开展起来，从根本上影响全球生态观念。

碳中和的蓬勃生命力紧紧依赖于器物层的探索、制度层的刚柔并济和观念层的群众基础。唯有三者互为犄角，经济活动才能在资源承载、生态安全、社会理想和财务诉求等多重制约条件下顺利开展。人类曾经领略过万木葱茏、青山叠翠的"绿色繁荣"，也接受过飞沙扬尘、遮天蔽日的"黄色警告"，一定会在器物、制度、观念三者的有机互动中再度迎来绿的复苏，到那时，沙漠将不再寂寞……

沿着大漠流动的曲线

才明白沙与城为什么相连

旷世的楼兰讲述美的极限

生命在神话里绵延

走遍古道寻访你的容颜

这份金黄在世间沉淀多少年

也想重返绿色的怀抱

春风捎上了温暖的挂牵

翻过峰巅看不到边缘

回首千万年沧海桑田

每一粒黄沙的名字都被铭记

青青绿洲前许下夙愿

相信有一天

你会坐在我身边

惊艳了时光也融化我的眼

共享没有起点与终点的缠绵

沙化成心无言

你可曾听见

每一寸沙岭都是家园

每一寸沙岭都是家园